华北盐碱水综合养殖
适用性技术与典型模式

HUABEI YANJIANSHUI ZONGHE YANGZHI
SHIYONGXING JISHU YU DIANXING MOSHI

全国水产技术推广总站　组编

中国农业出版社
北　京

图书在版编目（CIP）数据

华北盐碱水综合养殖适用性技术与典型模式／全国
水产技术推广总站组编 . —北京 ：中国农业出版社，
2024.3
　　ISBN 978-7-109-31880-9

　　Ⅰ.①华… Ⅱ.①全… Ⅲ.①盐碱地－水环境－水产
养殖－研究－华北地区 Ⅳ.①S96

中国国家版本馆 CIP 数据核字（2024）第 066317 号

中国农业出版社出版

地址：北京市朝阳区麦子店街 18 号楼
邮编：100125
责任编辑：肖　邦　王金环
版式设计：王　晨　责任校对：吴丽婷
印刷：北京中兴印刷有限公司
版次：2024 年 3 月第 1 版
印次：2024 年 3 月北京第 1 次印刷
发行：新华书店北京发行所
开本：700mm×1000mm　1/16
印张：6.75　插页：2
字数：128 千字
定价：45.00 元

本书编写人员

主　编：胡红浪　李明爽

副主编：包海岩　孙绍永　冯伟业

参　编（按姓氏笔画排序）：

王紫阳　乌兰托亚　吕永辉　孙　骞

李应南　宋学章　张　龙　张　洁

张　强　张长柏　张爱华　张婉婷

陈学洲　周书洪　郑立佳　赵一杰

郝　俊　胡鹏飞　姚学良　夏　芸

徐晓丽　高浩渊　高鹏程

前 言

FOREWORD

　　近些年来，水产养殖空间日益受到挤压，养殖面积连续多年出现减少。根据《中国渔业统计年鉴》，2022 年全国水产养殖总面积为 710.75 万公顷，与 2015 年（846.50 万公顷）相比，减少了 16.04％。与此同时，随着人民生活水平的不断提高和健康意识的不断增强，优质水产品在日常饮食中的占比不断增加。水产养殖面积的大幅减少和居民消费需求的日益强劲，给水产品稳产保供带来很大压力。习近平总书记多次强调，要树立大食物观，要在保护好生态环境的前提下，从耕地资源向整个国土资源拓展，宜粮则粮、宜渔则渔，形成同市场需求相适应、同资源环境承载力相匹配的现代农业生产结构和区域布局。

　　做好水产品稳产保供，除了依靠科技提高单产、稳住存量外，还要在扩展空间上想办法。目前看，拓展水产养殖业发展新空间，主要有五条途径：一是发展内陆设施化养殖，二是发展稻渔综合种养，三是发展盐碱水养殖，四是发展深远海网箱养殖，五是发展大水面生态养殖。其中，盐碱水养殖业发展备受关注。我国盐碱水资源丰富，据不完全统计，全国盐碱水域面积 4 600 万公顷，广泛分布于全国 19 个省（自治区、直辖市），但目前还处于开发利用的初步阶段。华北地区盐碱水质类型多、分布跨度大，有超过 67 万公顷盐碱水域，当前用于渔业开发利用的仅占 10％，与产业化和生态化相结合的发展目标相比，仍存在生态环境恶化、适宜养殖种类少、渔业生产方式落后等突出问题。

　　为积极推进盐碱地渔农综合利用、大力发展盐碱水养殖，农业农村部全国水产技术推广总站（以下简称"水产总站"）与中国水

1

产科学研究院东海水产研究所（以下简称"东海所"）等单位联合申报国家重点研发计划"蓝色粮仓科技创新"重点专项"内陆盐碱水域绿洲渔业模式示范"项目，并承担了"华北多类型盐碱水综合养殖模式构建与示范应用"课题实施工作。通过在华北地区的河北、天津和内蒙古建立7个核心示范点，累计示范超2万公顷，推广超过4万公顷，并总结形成了10种华北盐碱水综合养殖适用性技术模式。本书分为十章，详细介绍每种技术模式，并附典型案例。期望本书能够为有志于开展盐碱水养殖的养殖户、养殖企业以及相关水产技术人员提供指导和参考，为推动我国水产养殖业绿色健康发展、渔业高质量发展发挥积极作用。

本书由水产总站牵头组织，由河北省水产技术推广总站、天津市水产研究所、内蒙古自治区农牧业技术推广中心和东海所共同编写，在此一并表示感谢。由于编者水平有限，书中难免有不足之处，恳请广大读者批评指正。

编　者

2023 年 10 月

目 录
CONTENTS

第一章　盐碱池塘养殖水质 pH 综合改良调控技术模式

第一节　原理及要点

本技术模式适用于华北地区氯化物型盐碱池塘水质 pH 调控。

一、环境条件

（一）水源水质

水质应符合《渔业水质标准》（GB 11607—1989）和《盐碱地水产养殖用水水质》（SC/T 9406—2012）的规定。

（二）厂址条件

池塘宜为长方形，长宽比为 5∶3 到 3∶1。池塘面积为 0.33~1.0 公顷，水深宜为 1.5~2.0 米。

（三）进排水系统

池塘应有单独的进排水系统。进、排水口设有闸门，单独控制每口池塘水位。进水渠设在鱼池常年水位线以上，排水渠应低于池底，并设有防逃设施。

二、盐碱水质检测

（一）盐碱水质检测样品的采集和贮存

池塘水样采集可在距岸边 1 米处，水深小于 2 米时利用采水器采集中层水样，水样瓶为容积 500 毫升的具盖广口聚乙烯瓶，用少量水样洗涤水样瓶 2 次，慢慢将瓶子注满水样，立即旋紧瓶盖，混合均匀，采样瓶注入样品后，应立即将样品来源和采样条件等记录下来，并标记在样品瓶上，放在冰箱或冰桶内 4~6℃低温保存。pH 应在采样后 3 小时内测定，总碱度在 3 天内测定，其他离子应在 15 天内测定。

（二）检测方法

盐碱水质检测项目包括：钾离子、钠离子、钙离子、镁离子、氯离子、硫酸根离子、碳酸氢根离子、碳酸根离子、离子总量和 pH，以上指标作为盐碱地水产养殖用水质量评价指标。各项按表 1-1 的检测方法进行。

表 1-1 盐碱水质检测方法

项　目	分析方法	引用标准
pH	pH 计电测法	GB 12763.4—2007
钾和钠	火焰原子吸收分光光度法	GB 11904—1989
钙和镁	EDTA 滴定法	GB 7477—1987
氯	硝酸盐滴定法	GB/T 11896—1989
硫酸盐	铬酸钡分光光度法	HJ/T 342—2007
总碱度	酸碱滴定法	SL 83—1994

三、水质判定

盐碱地水产养殖用水质量按多项参数进行综合评价，分为Ⅰ类盐碱水质、Ⅱ类盐碱水质和Ⅲ类盐碱水质，进而确定适养殖种类（表 1-2）。

表 1-2 盐碱地水产养殖水质分类及适养殖种类

项目	Ⅰ类	Ⅱ类		Ⅲ类
	淡水鱼、虾蟹类	广盐性鱼类	广盐性虾蟹类	其他水生生物
离子总量（毫克/升）	≤8 000	≤25 000		—
pH	7.5～9.0	7.6～9.0	7.6～8.8	9.0～11.0
钠（%）	5.0～32.0	5.0～35.0	25.0～35.0	5.0～40.0
钾（%）	0.2～5.0	0.3～1.5	0.4～1.5	0.2～1.5
钙（%）	0.2～16.0	0.2～2.0	0.4～1.5	0.2～16.0
镁（%）	2.0～70.0			
氯（%）	3.0～50.0	≤60.0	20.0～60.0	3.0～60.0
硫酸根离子（%）	≤30.0	2.0～30.0	2.0～25.0	≤30.0
总碱度（毫摩尔/升）	≤15.0	≤10.0	≤8.0	<56.0

四、盐碱水质 pH 调控目标

养殖用水 pH 宜控制在 9.0 以下。当水体 pH 高于 9.0 时，可使用盐碱水质 pH 综合调控方法调节水质。

五、盐碱水质 pH 综合调控步骤

（一）生石灰清塘

苗种放养前 15～20 天，采用生石灰带水清塘，在非金属容器中加入足量

水，再投入生石灰，溶解完全后，趁热全池均匀泼洒。根据水体 pH 和离子参数测定结果确定使用量，水深 1 米，每亩*使用 100～150 千克。忌与酸、铵盐、漂白粉或硫酸铜混用。

（二）物理增氧

根据池塘条件合理选择增氧机。精养池塘应按照每亩配备一台 0.5 千瓦的增氧机，一般应根据水体溶氧变化规律，确定开机增氧的时段和时长。3—5 月，阴雨天气半夜开机至日出；6—9 月，晴天早晨开机 2 小时，午后 13—14 点开机 2～3 小时，连续阴雨、低压天气和夜间 22 点开机至次日中午；10—11 月，勤开机，保持池水溶氧充足。

（三）使用微生物制剂调节

微生物制剂能降低池塘有机物的积累以净化水质，并促进池塘物质循环利用。

微生物制剂的使用应符合国家对投入品的使用要求，在养殖初期，选择日照较强天气，每 5～7 天使用浓缩光合细菌和乳酸菌等微生物制剂，每亩使用浓缩光合细菌 100 克、乳酸菌 25～50 克。在养殖中后期，水体 pH 高于 9.0 时，可每 5～7 天使用芽孢杆菌等微生物制剂，每亩使用 100～300 克，使用微生物制剂后要注意增氧。

定期添加碳源（葡萄糖、红糖和糖蜜等）调节水体碳氮比，促进水体异养细菌繁殖，利用细菌同化无机氮，降低水体藻类浓度。

六、水质档案记录

做好池塘水质调控记录，并建立档案，及时归档。档案记录应当保存至该批水产品全部销售后 2 年以上。

第二节 典型案例

一、案例背景

以唐山多玛乐园试验基地 8 个池塘作为盐碱水综合利用模式研究试验池塘（彩图 1），每个池塘面积 2～4 亩，共计 23 亩，2020 年示范以凡纳滨对虾、脊尾白虾、日本沼虾、梭鱼和草鱼等为主的多生态位养殖技术模式，采用菌藻平衡技术降低水体 pH，控制高温时期蓝藻暴发；建立虾、蟹等主养对象的苗种驯养技术，提高盐碱水养殖成活率；优化以虾、蟹为主的多生态位养殖结构，提升池塘主要营养物质利用率。

---

* 亩为非法定计量单位。1 亩＝1/15 公顷。——编者注

二、主要做法

（一）盐碱水质检测

分析了试验基地盐碱水的理化性质，包括可确定盐碱水的类型的钠离子、钾离子、钙离子、镁离子、氯离子、碳酸根离子、碳酸氢根离子和硫酸根离子等八大离子，以及 pH 和盐度（表 1-3）。水体盐度为 1.88；pH 为 8.81；阳离子中钠离子含量最高，其次为镁离子；阴离子中氯离子含量最高。按照阿列金水质分类法综合判断水型为氯化钠 I 型水。

表 1-3 唐山多玛乐园盐碱水化学指标统计（2021 年）

钠（毫克/升）	钾（毫克/升）	钙（毫克/升）	镁（毫克/升）	氯（毫克/升）	硫酸根离子（毫克/升）	碳酸根离子（毫克/升）	碳酸氢根离子（毫克/升）	pH	盐度	水型
670.90	20.33	10.51	40.29	798.75	108.86	19.10	491.50	8.81	1.88	氯化钠 I 型

（二）生石灰清塘

根据盐碱水化学特征，采用离子失衡水质改良调控技术，养殖前 15 天，使用生石灰清塘，根据水质测定结果确定使用量为 100～150 千克/亩。

（三）微生物制剂使用

养殖初期，每隔 5～7 天使用光合细菌和乳酸菌，其中光合细菌使用量为 100 克/亩，乳酸菌使用量为 25～50 克/亩。养殖中期，根据水体氨氮浓度和藻类浓度，每隔 5～7 天使用芽孢杆菌，使用量为 100～300 克/亩。

三、取得成效

（一）微生物制剂对铜绿微囊藻抑制效果

实验室条件下，根据蓝藻细胞密度（约 1×10^7 个/毫升），设置铜绿微囊藻 1×10^6 个/毫升、6×10^6 个/毫升和 20×10^6 个/毫升三个藻细胞密度实验组，分别加入地衣芽孢杆菌（7.1×10^6 菌落总数/毫升）。结果显示，均出现抑制铜绿微囊藻生长现象，处理第 6 天三组抑制率分别为 51.8%、71.1%、65.7%。表明在盐碱水中地衣芽孢杆菌抑藻效果明显，但当藻密度达到一定范围后，抑藻效果有一定程度降低（图 1-1）。

向浓度为 7.1×10^6 菌落总数/毫升的地衣芽孢杆菌无菌滤液中加入 100 毫升含有 10^6 个/毫升的铜绿微囊藻藻液的配制盐碱水，实验组分别按体积比为 0.5%、1%、2% 加入。不加无菌滤液的对照组，藻细胞密度快速上升，6 天达到 2.2×10^7 个/毫升；加入无菌滤液的实验组铜绿微囊藻生长受到明显抑制，其中加入体积比为 2% 的实验组抑制效果最好。与菌液对比，无菌滤液抑

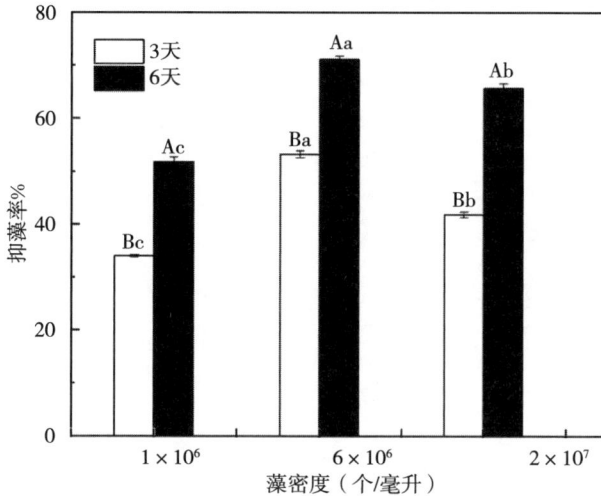

图 1-1　地衣芽孢杆菌对不同初始密度铜绿微囊藻生长抑制效果
注：不同小写字母表示同一处理时间不同处理组存在显著差异，不同大写字母表示同一处理组不同处理时间存在显著差异。

藻效果更为明显，抑藻率最高可达 79.5％，比较不同体积比的抑藻效果，2％抑藻绝对量效果更好，0.5％抑藻相对量效果更好（图 1-2）。

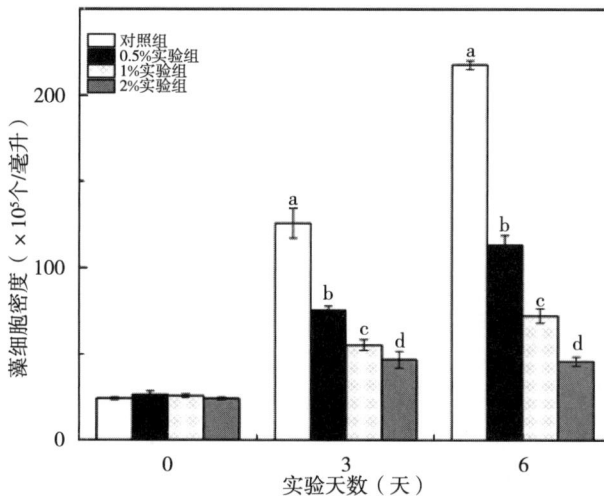

图 1-2　不同体积比的无菌滤液处理后铜绿微囊藻密度的变化
注：不同字母代表各处理组间有显著差异。

（二）实际养殖生产效果

2019 年 11 月至 2022 年 12 月，试验期间盐碱池塘凡纳滨对虾成活率达 35.5％，比项目实施前提高 60.6％，亩产 369 千克。同时，多生态位养殖和湖区生态放养丰富了多玛乐园园区体验项目水产动物种类，充分体现了三产融合理念，取得了较好的经济和社会效益。

经过三年综合水质改良调控，池塘水体理化指标得到明显改善。其中，池塘水体 pH 由项目实施前的 9.2 下降到 8.6；碳酸盐碱度由 10.53 毫摩尔/升下降到 2.20 毫摩尔/升。

四、经验启示

实验室条件下，发现盐碱水中地衣芽孢杆菌抑藻效果明显，但相较于淡水环境，实验采用的地衣芽孢杆菌在盐碱水中的生长速度相对缓慢，后续应加强耐盐碱芽孢杆菌分离和筛选工作。

第二章 盐碱水池塘水质调节技术模式

第一节 原理及要点

本技术模式适用于盐碱水绿色高效水产养殖。

盐碱水池塘水质调节指标包括：溶氧、氨氮、亚硝酸盐氮、钙离子、镁离子、钾离子、钠离子、浮游植物、浮游动物等。

一、总体要求

盐碱水池塘养殖应选择适宜盐碱水养殖或通过驯化后适合盐碱水养殖的动物。养殖过程中，被养殖动物吸收利用，成为其肌体组成的水质离子，可采用无害化人工补充方法调节。

二、溶氧的调节方法

（1）清除过多底泥，使底泥厚度在 5 厘米以下。

（2）确定放养密度，通过试验确定养殖动物在当前增氧机设置下，全天溶氧不小于 5 毫克/升的养殖容量。

（3）溶氧下降时，通过换水增加溶氧，建立尾水净化工艺，使养殖尾水能循环利用。

（4）合理设置增氧设备，科学开启增氧机，晴天中午开，阴天下半夜及次日早晨开，连续阴雨时浮头前开，天气正常时傍晚不开。

（5）科学投喂，根据不同养殖动物耗氧率的昼夜变化规律，确定投喂次数，每次投喂使养殖动物饱食度达 80%～85%（亲本除外）。

（6）维持合理藻相，混养鲢、鳙或罗非鱼时控制浮游植物数量，浮游植物生物量保持在 20～100 毫克/升为宜。

（7）控制浮游动物数量，混养鲢、鳙或鱼虾幼体时控制浮游动物数量，浮游动物生物量宜控制在 20 毫克/升以下（苗种培育前期除外）。

三、氨氮的调节方法

（1）通过养殖试验得出非离子铵或氨氮对养殖动物的安全浓度，确定养殖池塘氨氮的控制浓度。例如，非离子氨对鱼的安全浓度：鲫≤0.14毫克/升、鲢≤0.03毫克/升，鳙≤0.07毫克/升。养殖凡纳滨对虾水体氨氮宜保持在0.3毫克/升以下。氨氮与非离子铵的换算方法如下：

$$非离子铵（毫克/升）=\frac{氨氮（毫克/升）}{1+AntiLg（Pka-pH）}$$

式中：$Pka=10.0547-0.032457\times T$，$T$ 取摄氏温度的数值。

（2）清除过多底泥，清塘时可清除全部底泥。

（3）科学投喂，每次投喂时吞食性鱼类不得有残饵，宜使养殖动物饱食度达80%～85%；抱食性虾类饲料宜在1小时内摄食完毕。

（4）维持合理的浮游植物数量。

（5）控制浮游动物数量。

（6）定期泼洒从本地区池塘内筛选出的光合细菌。

（7）在养殖池及净化池中种植水生植物或浮床植物。

四、亚硝酸盐氮的调节方法

（1）通过养殖试验得出亚硝酸盐氮对养殖动物的安全浓度，确定养殖池塘亚硝酸盐氮的控制浓度，大部分鱼类控制在0.1毫克/升以下，凡纳滨对虾宜保持在0.02毫克/升以下。

（2）清除底泥。

（3）定期泼洒从本地区池塘内筛选出的硝化细菌。

（4）增氧，亚硝酸盐氮有增高趋势时，延长增氧机开启时间。

五、钙、镁离子的调节方法

一般养虾池塘，需要调节养殖水体中的钙、镁离子。其他养殖动物根据试验确定养殖水体中的钙、镁离子浓度。

方法：凡纳滨对虾养殖池钙、镁离子总量宜达到600毫克/升，钙、镁离子比宜为1∶3或1∶5。可同时泼洒氯化钙、氯化镁增加水中钙、镁离子。泼洒前，宜调节pH至8.3左右，且每次调节应不超过0.5。

六、钾、钠离子的调节方法

一般养虾池塘，需要调节养殖水体中的钾离子，其他养殖动物根据试验确定养殖水体中的钾离子浓度。一般不调节钠离子浓度，避免池塘盐碱化加重，钾离子浓度宜为 100～200 毫克/升，钠、钾离子比值在 40～50 为宜，通过泼洒氯化钾调增钾离子。

七、浮游植物的调节方法

混养鲢、鳙或罗非鱼可控制浮游植物数量，浮游植物生物量保持在 20～100 毫克/升为宜，且浮游植物多样性呈现较高水平。

（一）浮游植物调增

检测氨氮、磷酸盐浓度，根据目标藻类对氮、磷的浓度及比例要求，泼洒氮肥、磷肥等。养殖池塘内目标藻类缺失时，可先引进富含目标藻类的河流、其他养殖池、净化池的水，再施用肥料。

（二）浮游植物调减

（1）混养鲢、鳙或罗非鱼。

（2）种植水生植物或浮床植物。

（3）换水，换去浮游植物过多的上层水，引进净化后的池水（养殖动物携带病原时不可换水）。

八、浮游动物的调节方法

（一）浮游动物调增

（1）放苗前翻动底泥、引进外域浮游动物丰富的水。

（2）适当施肥，培育浮游植物以增加浮游动物的饵料。

（3）全池泼洒本地区池塘中筛选出的有益细菌。

（二）浮游动物调减

（1）混养鲢、鳙或鱼虾幼体。

（2）抽取浮游动物密集区池水，通过孔径为 150 微米的筛绢过滤。

第二节　典型案例（一）

本案例为浮床植物水质调节技术。

一、案例背景

实施地在天祥水产有限责任公司，位于天津市宁河区苗庄镇，当地属大陆性季风气候，四季分明。全年平均气温 11.2℃，平均湿度 66%，最低气温 －5.8℃出现在 1 月，最高气温 25.7℃出现在 7 月。年平均降水量 642 毫米，降水主要集中在 6、7、8 月。全年无霜期 240 天。公司现有养殖面积 4 000 亩，种苗培育车间 3 000 米²，实验室面积 400 米²。配有浮游生物监测和病害诊断实验仪器设备及物联网水质监测系统。

二、主要做法

（一）浮床植物的筛选

1. 室内静水筛选

整理箱内加入养殖用水，放置透气浮床，植入备选陆生植物，每周检测总氮、总磷、化学需氧量和植物生长等情况，筛选出吸收氮、磷、化学需氧量效果良好且正常生长的紫背天葵、白背天葵和薄荷。

2. 室外养殖池塘筛选

在室内试验的基础上开展或直接开展室外试验。在适宜植物生长的季节进行培苗，植株高或叶片长 20 厘米以上时，移栽至养殖水面浮床上，观察植物生长情况，能达到商品规格的即为适宜品种，由此筛选出蕹菜、紫背天葵、白背天葵、水芹、薄荷和美人蕉为适宜当地池塘水质生长的植物。

（二）室内理化因子与浮床植物的相互影响试验

将养殖水的盐度、氮磷浓度、硬度进行人工调配作为试验水体。发现蕹菜在盐度 0～5 的水体内均能正常生长。蕹菜扦插出根阶段，对氮、磷吸收速率最大；当根系增长进入平缓期，吸收速率下降。盐度为 0 时，蕹菜对氮、磷的利用效率最大；盐度越高，蕹菜对水体内氮、磷的吸收速度越慢。低盐度水体中蕹菜吸收氮的总量高于较高盐度水体，各种盐度水体中蕹菜对磷的最终吸收量相同；高盐处理导致蕹菜根系短小，对可利用态氮、磷的吸收效率下降。氮、磷供给不足会导致蕹菜叶片快速脱落，氮、磷营养快速耗竭将抑制蕹菜长高，而较缓慢的营养吸收速率能使蕹菜持续长高。

高硬度水抑制根系纵向生长，利于根系横向生长。硬度越高越有利于蕹菜长高，蕹菜叶生长越好。在硬度（Ca^{2+}、Mg^{2+} 浓度）为 0 毫克/升、10 毫克/升、20 毫克/升、50 毫克/升时，随着硬度的增加植株生长越好，硬度为 0 的极软水不适宜蕹菜的生长。试验水体的硬度超过软水程度后，会抑制蕹菜对氮、磷的吸收。

蕹菜的生长对氨氮浓度变化具有广适性。当氨氮浓度由 0.5 毫克/升增至 10 毫克/升时，蕹菜株高增长速率呈上升趋势；氨氮浓度到 50 毫克/升时，蕹菜生长开始受到抑制。氨氮浓度为 1.0 毫克/升时，蕹菜根系生长最快，总体生长状况最优。氨氮浓度为 0～1.0 毫克/升的组，蕹菜根系长度远高于高氨氮浓度处理组，但氨氮供给不足会影响总生物量增加和叶绿素合成。高浓度氨氮会影响蕹菜根系增长，老叶迅速脱落，重新释放氨氮。氨氮浓度越高，蕹菜对磷酸盐的吸收量越大。

（三）秧苗的移栽

水温稳定在15℃以上，水质营养条件适宜蔬菜生长时，选择阴天或黄昏，开始移植无病害、高度在20厘米左右的秧苗。水培（基质）秧苗直接把带根的秧苗插入浮床的托管中，使根部4/5浸入水中，1/5暴露在空气中。土培秧苗带根或不带根移植到浮床均可。

对养殖杂食性或草食性动物的池塘，浮床下部需安装护网，护网宽度与浮床一致，四周用尼龙绳紧密固定在浮床的框架上，护网网目1.5厘米，种植蕹菜的护网深度为50厘米，种植水芹和天葵的护网深度为30厘米。

种植时在岸上种植完毕后浮床下水或是浮床先下水，种植人员乘小船在水面上种植，浮床下水时根据池塘形状顺着池塘的长边方向连成一长条，条与条间隔1.5～2.0米，并用木桩固定在岸上，使浮床离岸4～5米。

（四）鱼虾菜生态循环养殖系统的构建

1. 池塘中设置浮床系统

池塘种植蕹菜水面覆盖率采用6%～13%，即每亩水面种植1 680～3 640棵。主养罗非鱼套养凡纳滨对虾养殖池塘种植蕹菜与未种植池塘，水质检测结果见表2-1、图2-1～图2-5。

表2-1　主养罗非鱼套养凡纳滨对虾养殖池塘水质（毫克/升）

日期	池号	氨氮	磷酸盐	化学需氧量	总磷	总氮
5月20日	5-1	2.048	0.239	25.6	0.370	4.554
	6-1	1.764	0.239	22.4	0.439	4.634
6月20日	5-1	2.362	0.296	22.4	0.482	4.082
	6-1	2.054	0.375	25.6	0.569	4.215
7月28日	5-1	2.785	0.576	20.8	0.887	3.330
	6-1	3.521	0.733	27.2	1.054	4.210
8月20日	5-1	2.651	0.642	25.6	0.862	3.954
	6-1	3.049	0.703	27.2	0.942	4.039

注：5-1为种菜池塘，6-1为未种菜对比池塘，均为8亩，浮床植物为蕹菜，6月10日种植，覆盖面占比为6.75%，蕹菜生长良好。

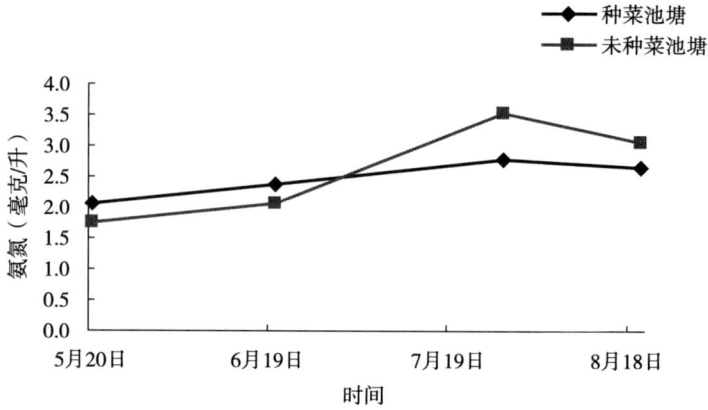

图 2-1 主养罗非鱼套养凡纳滨对虾试验池和对比池氨氮变化情况

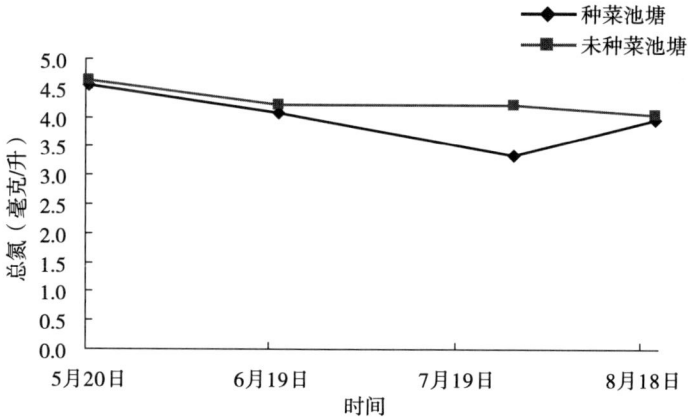

图 2-2 主养罗非鱼套养凡纳滨对虾试验池和对比池总氮变化情况

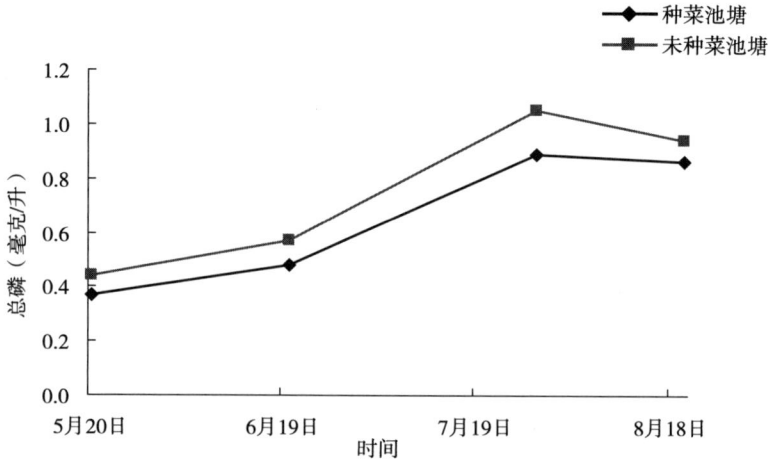

图 2-3 主养罗非鱼套养凡纳滨对虾试验池和对比池总磷变化情况

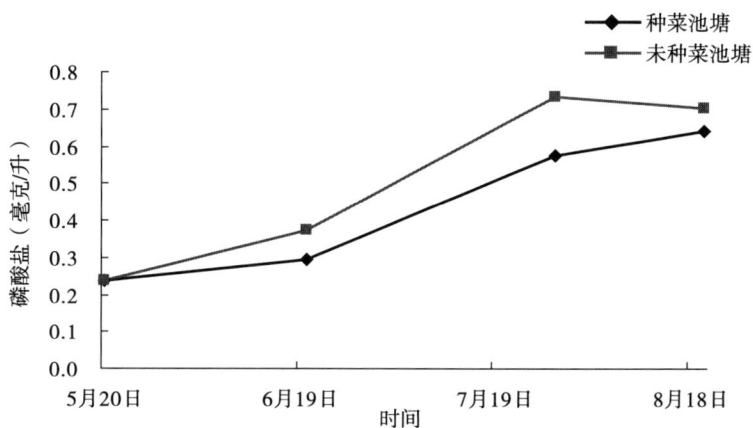

图 2-4 主养罗非鱼套养凡纳滨对虾试验池和对比池磷酸盐变化情况

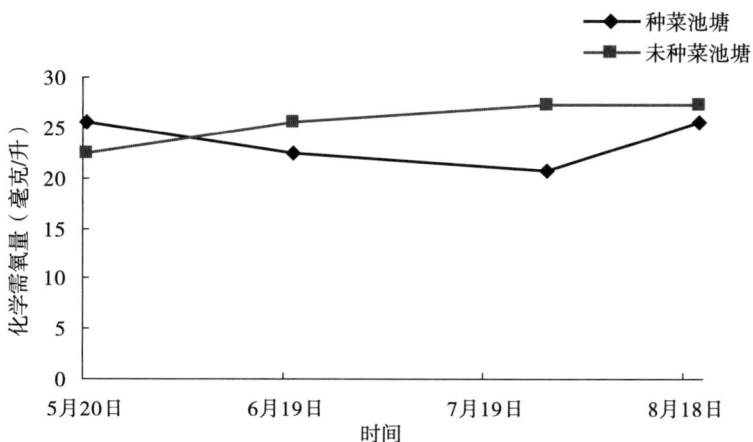

图 2-5 主养罗非鱼套养凡纳滨对虾试验池和对比池化学需氧量变化情况

中华绒螯蟹蟹苗培育养殖，浮床植物为蕹菜，种植时间为 6 月中旬，覆盖面为 6.0%。种菜与未种菜池塘水质检测结果见图 2-6～图 2-9。

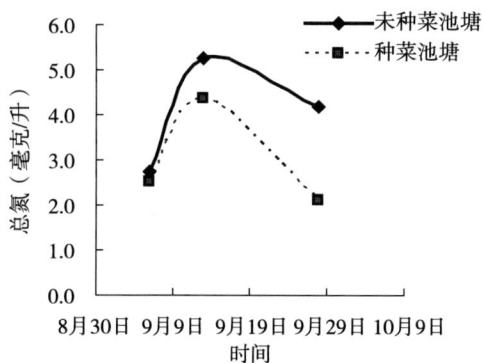

图 2-6 中华绒螯蟹试验池和对比池总氮变化情况

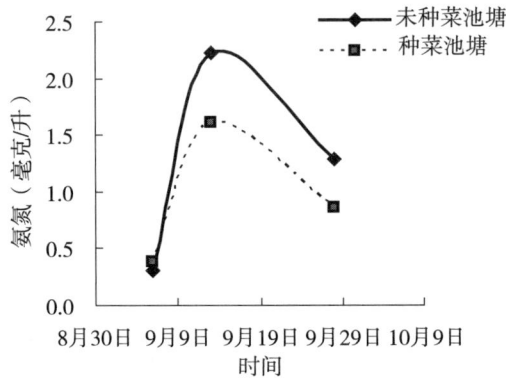

图 2-7　中华绒螯蟹试验池和对比池氨氮变化情况

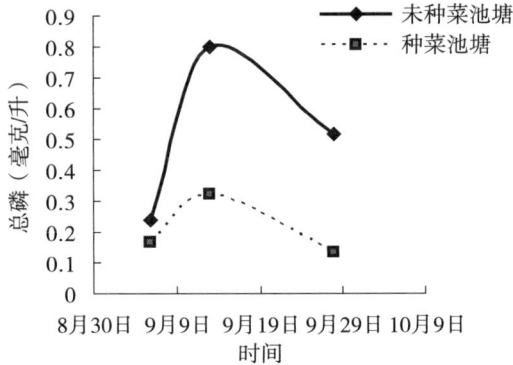

图 2-8　中华绒螯蟹试验池和对比池总磷变化情况

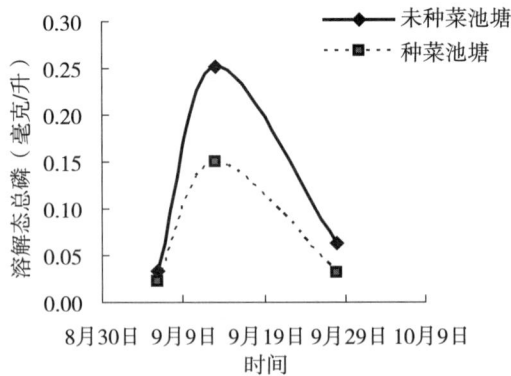

图 2-9　中华绒螯蟹试验池和对比池溶解态总磷变化情况

浮游植物种植末期检测情况见表 2-2、表 2-3。

表 2-2　对比池浮游植物种植末期检测结果（×10^{5}个/升）

藻种名称	门	均值	藻种名称	门	均值
无常蓝纤维藻	蓝藻	15.5	浮球藻	绿藻	11.0
圆皮果藻	蓝藻	0.5	椭圆小球藻	绿藻	0.5
美丽隐球藻	蓝藻	2.0	蛋白核小球藻	绿藻	1.5
粉末微囊藻	蓝藻	353.1	小型卵囊藻	绿藻	2.5
皮状席藻	蓝藻	12.0	中型脆杆藻	硅藻	0.5
铜绿微囊藻	蓝藻	1.0	短线脆杆藻	硅藻	1.5
细小平裂藻	蓝藻	16.0	短小舟形藻	硅藻	1.0
蹄形藻	绿藻	11.5	细布纹藻	硅藻	0.5
波吉卵囊藻	绿藻	7.5	宽扁裸藻	裸藻	0.5
微小四角藻	绿藻	0.5	梨形扁裸藻	裸藻	0.5
针状纤维藻	绿藻	1.0			

表 2-3　设置蕹菜浮床池浮游植物种植末期检测结果（×10^{5}个/升）

藻种名称	门	均值	藻种名称	门	均值
无常蓝纤维藻	蓝藻	1.5	卵形衣藻	绿藻	2.0
细小平裂藻	蓝藻	6.0	柱形栅裂藻	绿藻	5.0
两栖颤藻	蓝藻	11.1	美丽胶网藻	绿藻	2.0
粉末微囊藻	蓝藻	52.5	空星藻	绿藻	6.0
蹄形藻	绿藻	0.5	短线脆杆藻	硅藻	0.5
波吉卵囊藻	绿藻	4.0	桥弯藻	硅藻	0.5
微小四角藻	绿藻	1.0	短小舟形藻	硅藻	0.5
针状纤维藻	绿藻	2.5	卵形隐藻	隐藻	0.5
浮球藻	绿藻	1.0	诺氏蓝隐藻	隐藻	0.5
椭圆小球藻	绿藻	0.5	尾裸藻	裸藻	0.5
蛋白核小球藻	绿藻	1.0	裸甲藻	甲藻	0.5

　　加入覆盖面为 6％的蕹菜浮床，能使养殖池塘浮游植物数量减少，多样性增加。其中，蓝藻门种类、数量在总藻类的百分比均减少；绿藻门种类均增加。设置水生植物浮床能有效控制水体中氨氮、亚硝酸盐氮、磷酸盐浓度和化学需氧量，增加浮游植物生物多样性，明显改善水质。

2. 净水渠中设置浮床系统

整个系统由组合净化系统单元和养殖区组成（图 2 - 10）。组合净化系统单元主要由净化渠、沉淀池和净化池组成。净化渠长 1 500 米、宽 15～20 米、深 1.5～3.0 米；沉淀池 130 亩；净化池 130 亩。净化渠一端安装 2 台水泵（900 米³/时），从养殖区排出的池水进入净化渠后，经水泵提升经 1 500 米水渠流程，进入沉淀池和净化池，流速 20 厘米/秒。流水经沉淀净化处理后进入自流水渠（渠长 300 米，流速 1 米/秒），最后进入养殖区，养殖区总水面 390 亩。换水频率为每 7 天 1 次，换水率为 10%～20%。

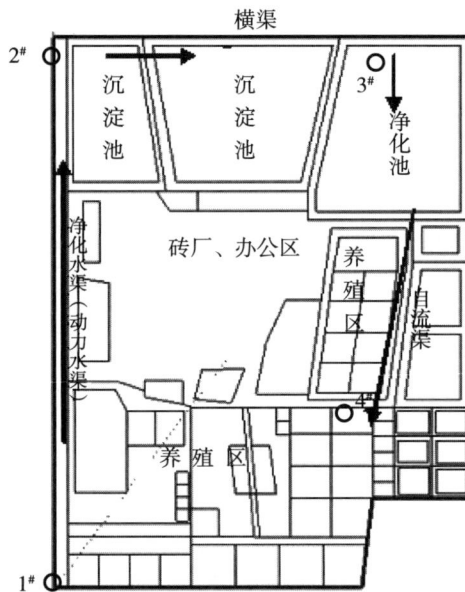

图 2 - 10　组合净化系统

注：1#、2#、3#、4#为采样点。其中，1#位于养殖区排放水末端、净化渠起始端，2#位于净化渠末端，3#位于净化池，4#位于养殖区。

组合净化系统由水生植物浮床、芦苇湿地、固定化微生物膜和滤食性、杂食性鱼类组成，除芦苇湿地及鱼类外，全部设置在净化渠内。组合净化系统的水质变化情况见表 2 - 4。

表 2 - 4　组合净化系统的水质变化情况（毫克/升）

指标	养殖池水净化前		养殖池水净化后	
	范围	平均值	范围	平均值
碱度	410.91～448.45	426.43	290.29～419.42	370.87

（续）

指标	养殖池水净化前		养殖池水净化后	
	范围	平均值	范围	平均值
硬度	581.58～670.17	623.12	505.51～584.58	555.56
氨氮	0.45～0.87	0.66	0.35～0.60	0.47
亚硝酸盐氮	0.001～0.124	0.061	0.002～0.084	0.035
硝酸盐氮	0.008～0.230	0.138	0.006～0.248	0.090
总氮	2.02～3.60	2.86	1.15～2.27	1.66
磷酸盐	0.065～0.612	0.347	0.066～0.738	0.363
总磷	1.11～1.46	1.27	0.78～1.26	1.07

芦苇湿地在净化渠、沉淀池、净化池放水后，保持低水位，深度约 1.5 米，延长低水位时间约 50 天，直至芦苇最大限度长出，并达到一定高度后再蓄水，形成 12 000 米² 的芦苇湿地，占整个养殖区面积的 2.6%。

人工基质固定化微生物膜采用聚乙烯网片作人工基质材料，网孔 6 目，网线直径 0.2 毫米，每片面积 15.0～25.5 米²，宽 10～17 米，高 1.5 米（与净化渠的横截面相符），网片用绳子固定，总面积 480 米²。池塘出水均流经 8 道人工基质固定化的微生物膜。

鱼类净化池放养鲢、鳙、梭鱼和云斑鮰。

浮床设置前一年放养模式：鲢放养量 20 尾/亩，规格 315 克/尾；鳙放养量 8.6 尾/亩，规格 1 525 克/尾；梭鱼放养量 25 尾/亩，规格 250 克/尾。当年未出鱼，作为下一年鱼类净化池苗种，当年新放养鲢 60 尾/亩，规格 25 克/尾。产出鲢 2.75 千克/尾，共计 3 150 千克，24.25 千克/亩；鳙 5 千克/尾，共计 1 650 千克，12.7 千克/亩。养殖区所有养殖池塘均套养鲢 80～100 尾/亩、鳙 20 尾/亩。

6 月中旬至 7 月初，在组合净化系统的基础上增设水生植物浮床，浮床采用聚苯乙烯泡沫板，长 200 厘米、宽 100 厘米、厚 5 厘米，每个浮床 4 行 9 列 36 个孔，每个孔种植 1～2 棵蕹菜，每平方米种植 31～32 棵。设置蕹菜单作浮床 40 米²，产量 900 千克。

养殖末期共获得浮游植物 6 大门类 42 个种（属）。其中，绿藻门种类最多，计 18 种；蓝藻门次之，9 种；硅藻门 7 种；隐藻门、金藻门和裸藻门种类较少，见表 2-5。

表 2-5　浮床组合净化系统浮游植物生物量和各门百分比

门类	1#采样点		2#采样点		3#采样点	
	生物量（毫克/升）	占比（%）	生物量（毫克/升）	占比（%）	生物量（毫克/升）	占比（%）
蓝藻门	3.713	4.65	0.820	2.13	1.544	2.23
隐藻门	4.609	5.77	6.184	16.05	2.214	3.20
金藻门	2.484	3.11	5.098	13.23	6.758	9.78
硅藻门	22.863	28.63	4.262	11.06	33.605	48.62
裸藻门	18.778	23.52	9.485	24.62	18.264	26.43
绿藻门	27.404	34.32	12.677	32.91	6.729	9.74
合计	79.851		38.526		69.114	

养殖尾水排放区 1 号点的浮游植物生物量最高，达 79.851 毫克/升；经过增设水生植物浮床净化渠达到 2 号点后，下降至 38.526 毫克/升；进入鱼类净化池后，上升至 69.114 毫克/升。经过整个水生植物浮床组合净化系统后，浮游植物减少了 13.45%。

与 1 号点排水处相比，养殖尾水经过净化渠后，蓝藻由 3.713 毫克/升下降至 0.820 毫克/升，隐藻和金藻分别上升了 34.17% 和 105.23%。多样性指标评价情况见表 2-6，Shannon-Wiener 指数变化具一定的规律性。5 月未设浮床，指数范围在 0.77~0.98，为重污染；6 月设浮床，浮床植物开始生长，指数范围在 0.64~1.31，由重污染到中污染过度；9、10 月浮床植物正常生长，指数范围在 0.97~1.48，为中污染。Margalef 指数范围在 0.55~1.64，同样表现为随浮床植物的生长，水体的污染程度显著降低。由此可见，浮床植物能增加浮游植物的多样性，但在净化水质中具有重要作用。

表 2-6　水生植物浮床组合系统浮游植物多样性指数

采样点	Shannon-Wiener 指数					Margalef 指数				
	5 月	6 月	7 月	9 月	10 月	5 月	6 月	7 月	9 月	10 月
1#	0.85	0.98	1.14	1.06	0.99	0.67	0.55	0.70	1.38	0.65
2#	0.77	0.64	1.00	1.48	1.21	0.64	0.56	0.87	1.64	0.67
3#	0.98	1.24	1.31	1.25	1.16	1.27	0.66	0.80	1.15	0.92
4#	0.90	1.21	0.90	0.97	1.09	0.72	0.87	0.68	1.19	0.81

月获得浮游动物四大类 23 个种（属）。其中，原生动物 9 种，轮虫 10 种，

枝角类 1 种,桡足类 3 种(表 2-7)。

表 2-7　浮床组合净化系统浮游动物生物量和各门百分比

门类	1#采样点		2#采样点		3#采样点	
	生物量 (毫克/升)	占比 (%)	生物量 (毫克/升)	占比 (%)	生物量 (毫克/升)	占比 (%)
原生动物	3.924	30.31	3.853	16.58	3.581	62.34
轮虫	8.759	67.67	5.445	23.43	1.683	29.30
枝角类	0.165	1.28	1.935	8.33	0.280	4.87
桡足类	0.096	0.74	12.010	51.67	0.200	3.48
合计	12.944		23.243		5.744	

浮游动物总生物量和各类生物量在净化过程中,随水体营养水平降低而减少。浮游动物生物量由 12.944 毫克/升,减少至 5.744 毫克/升,减少了 55.62%,其中轮虫减少 80.79%。

对组合净化系统浮游动物生物量变化规律进行方差分析,结果表明:除轮虫不具备统计显著性外,其他浮游动物均存在差异,进一步说明水质得到有效净化。

三、取得的成效

整个浮床植物为主的生态循环水净化系统鱼类总产量 388 560 千克,每亩产量 883 千克;总产值 552 万元,每亩产值 12 545 元;总利润 168 万元,每亩利润 3 818 元。

种植浮床植物的水产养殖池塘,水面上郁郁葱葱,水色明亮,水质清新,给人以良好的视觉效果,改变了传统水产养殖的面貌。

鱼虾菜生态循环技术属水产养殖原位净化,直接在池塘种植浮床植物,无需对池塘进行结构改造或另行设置净化水域。浮床蔬菜大多能连续采摘,作为商品出售,拓宽了增收渠道。例如,天津市虽受气候和水质条件限制,但平均仍可采摘 1~2 茬,亩新增利润超 700 元,并且浮床蔬菜不施用化肥、农药,产品质量安全水平高于土培蔬菜。

四、经验启示

(1)在吸收氮的试验中发现浮床植物去除水体中的氨氮和亚硝酸盐氮较明显,可减少养殖动物因亚硝酸盐过高而产生的应激、亚健康甚至死亡情况。浮床植物另一重要作用是可改善浮游植物种群分布,增加浮游植物物种多样性,抑制蓝藻数量增加(当池塘内蓝藻数量占 20% 以上时,凡纳滨对虾极易发生白斑病毒病）。水产养殖技术人员多年研究发现，池塘水体中藻类多样性水平越高越有利于养殖动物生长，因此，在水产养殖系统中加入浮床植物，可改善水质、预防病害以促进养殖动物健康生长。

（2）浮床植物应进行净化养殖水质的适应性试验成功后再进行大面积种植。在浮床植物原位净化模式中，氮、磷等营养元素达到其适宜生长的浓度后方可进行移栽。

第三节　典型案例（二）

本地有益菌水质调节技术试验。

一、案例背景

同本章前一节。

二、主要做法

试验基地根据水质检测指标，采用从本地区池塘筛选扩繁的芽孢杆菌、EM菌、乳酸菌和光合细菌等调控对虾养殖池塘水质。每个试验基地选择邻近池塘 3 个，其中 1 个为对照池塘，对照池塘按其原方法进行水质调节；两个试验池，根据养殖水质监测指标，采用有益菌进行水质调控。在生产季节（5—8月），每月至少进行一次水质检测，包括 pH、氨氮、溶氧、亚硝酸盐氮、钙镁离子、溶氧、弧菌、全菌数量以及浮游生物种类，分析试验池塘和对照池塘水质。

试验基地水质调节结果见表 2-8。

1. 试验点 1 水质调节结果

养殖期间试验池和对照池 pH 均在 8.6～9.0，盐度约 2.0，亚硝酸盐氮均维持在 0.1 毫克/升以下，总硬度在 450～600 毫克/升，总碱度在 290～420 毫克/升，水色较为稳定，细菌数量维持在较低水平。试验池和对照池溶氧均在5 毫克/升，6 月下旬随着虾长大，投喂饲料量增多，溶氧下降，对照池水色变绿，以蓝藻、绿藻为主。5 月检测试验池水体氨氮较高，使用光合细菌后，相较于对照池氨氮有所降低（图 2-11）。

对照池塘初期藻类较少，以硅藻为优势种；6 月上旬藻类数量和多样性有所增加，以蓝藻（颤藻）为优势种；6 月下旬以蓝藻、绿藻为主，未发生蓝藻水华。试验池塘初期藻类以蓝藻、绿藻为主；6 月上旬藻类数量和多样性均有所增加；6 月下旬藻类数量以隐藻、绿藻为多，但明显少于对照池塘（表 2-9）。

表2-8　有益菌水质调节结果

基地	采样日期	试验池塘	面积(亩)	水温(℃)	溶氧(毫克/升)	透明度(厘米)	水色①	盐度	氨氮(毫克/升)	亚硝酸盐氮(毫克/升)	磷酸盐(毫克/升)	pH	总硬度(毫克/升)	总碱度(毫克/升)	总菌数(NA)	弧菌(TCBS)
	现场检测项目											实验室检测项目				
钜丰源	5月13日	对照池8#	7	19.9	12.20	30	16	2.2	0.655	0.004	0.000	8.75	576.52	370.30	1 430	—
		试验池6#	60	19.7	16.70	20	15	1.9	0.813	0.016	0.265	8.77	556.50	350.28	500	—
		试验池9#	10	20.5	14.80	25	16	1.8	1.247	0.065	0.000	8.94	532.48	360.29	1 230	—
	6月11日	对照池8#	7	27.3	10.20	20	16	1.9	1.329	0.020	0.000	8.87	468.42	290.23	3 000	—
		试验池6#	60	27.4	11.60	15	15	1.8	0.902	0.020	0.058	8.78	588.53	420.34	5 700	—
		试验池9#	10	27.6	11.80	20	16	2.0	1.057	0.021	0.000	8.97	508.46	290.23	2 200	—
	6月26日	对照池8#	7	27.3	7.10	20	13	2.0	1.152	0.024	0.000	8.61	436.39	310.25	14 600	—
		试验池6#	60	28.0	5.30	30	15	2.2	1.011	0.049	0.158	8.68	588.53	410.33	26 550	810
		试验池9#	10	27.5	5.80	20	15	2.0	1.066	0.032	0.000	8.81	520.47	330.26	40 150	1 200
益多发	5月13日	对照池6#	40	21.5	7.80	20	16	1.7	1.048	0.017	0.000	8.28	496.45	420.34	3 080	—
		试验池5#	50	18.9	9.00	25	15	1.7	1.026	0.129	0.253	8.79	544.49	390.31	3 720	—
		试验池9#	10	21.2	6.90	35	15	1.3	0.782	0.011	0.000	8.58	420.38	310.25	1 820	—
	6月11日	对照池6#	40	26.8	6.71	15	16	1.7	1.550	0.039	0.020	8.44	532.48	460.37	10 350	—
		试验池5#	50	27.5	5.82	30	15	1.5	1.148	0.012	0.373	8.91	564.51	360.29	18 500	5 350

（续）

基地	采样日期	试验池塘	面积（亩）	现场检测项目					实验室检测项目							
				水温（℃）	溶氧（毫克/升）	透明度（厘米）	水色①	盐度	氨氮（毫克/升）	亚硝酸盐氮（毫克/升）	磷酸盐（毫克/升）	pH	总硬度（毫克/升）	总碱度（毫克/升）	总菌数（NA）	弧菌（TCBS）
益多发	6月11日	试验池9#	10	27.5	7.83	25	15	1.4	0.673	0.019	0.000	8.73	456.41	340.27	11 450	—
		对照池6#	40	28.4	4.20	30	14	1.6	1.094	0.030	0.000	8.71	540.49	470.38	29 050	—
	6月26日	试验池5#	50	28.2	5.70	20	14	1.8	0.958	0.027	0.570	8.84	588.53	390.31	21 450	0
		试验池9#	10	28.2	4.90	30	16	1.7	1.062	0.019	0.000	8.68	500.45	390.31	4 100	0
		对照池6#	40	28.5	10.38	10	16	1.6	1.085	0.022	0.030	8.68	60.05	500.40	14 050	—
	7月12日	试验池5#	50	27.6	5.40	20	14	1.8	0.750	0.009	0.447	8.90	76.07	430.34	8 100	—
		试验池9#	10	28.5	8.27	15	16	1.7	1.057	0.015	0.000	8.72	60.05	450.36	14 350	—
		对照池6#	40	31.3	6.13	15	15	1.7	1.275	0.054	0.291	8.64	52.05	440.35	19 050	—
	7月24日	试验池5#	50	31.1	5.50	15	15	1.7	0.890	0.008	0.444	8.67	64.06	370.30	76 200	1 610
		试验池9#	10	32.6	12.24	20	16	1.8	1.505	0.056	0.243	8.66	80.07	420.42	11 700	—

注：①色度计测量。

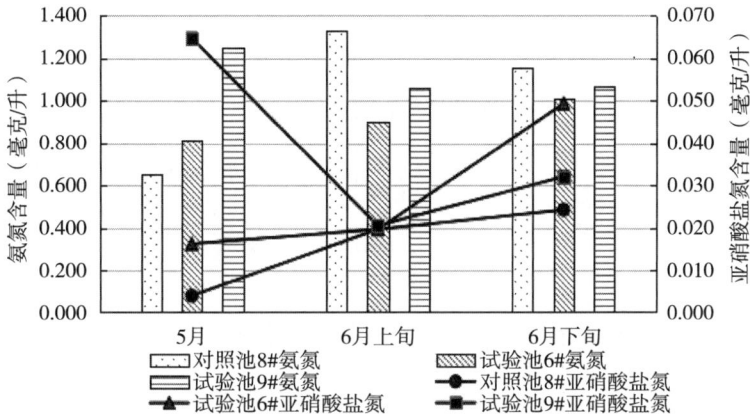

图 2-11　试验点 1 有益菌调节池塘水质氨氮与亚硝酸盐氮变化情况

表 2-9　试验点 1 试验及对照池塘浮游生物组成

日期	池塘	浮游生物组成
5 月 13 日	8 号（对照）	藻类种类很少，优势种为硅藻；大量枝角类、少量轮虫
	6 号	优势种为颤藻
	9 号	小环藻、栅藻、衣藻、盘星藻、颤藻、十字藻；轮虫
6 月 11 日	8 号（对照）	藻类种类多，数量不多；颤藻、螺旋藻、平列藻、微囊藻、席藻、角毛藻等；有原生动物
	6 号	藻类种类多、数量较多；隐藻、硅藻（角毛藻）为优势；有原生动物、轮虫
	9 号	藻类种类多，数量不多；栅藻、四鞭藻、四球藻、十字藻、小球藻等
6 月 26 日	8 号（对照）	藻类种类多，数量不多；蓝藻、绿藻为主；少量枝角类、原生动物
	6 号	藻类种类不多，数量偏少；隐藻、绿藻为主；少量枝角类
	9 号	大量枝角类、桡足类；藻类种类少，数量少；平列藻、微囊藻、十字藻等

2. 试验点 2 水质调节结果

试验基地盐度为 1.6～1.8，pH 为 8.2～9.0，亚硝酸盐氮保持在 0.1 毫克/升，溶氧在 5 毫克/升以上，仅在 6 月下旬藻类数量少，溶氧有所下降；水色前期茶褐色，中期偏绿，后期转回茶褐色，整体稳定；磷酸盐呈上升趋势，7 月显著升高；水体总菌数量适中，弧菌数量低，总碱度为 420～580 毫克/升；氨氮相对较高，试验池塘明显低于对照池塘，试验池塘通过使用菌制剂及有机酸等调节，水体总碱度在 400 毫克/升以下（图 2-12）。

试验池塘和对照池塘中磷酸盐含量较低，藻类种类和数量均偏少。5 月对

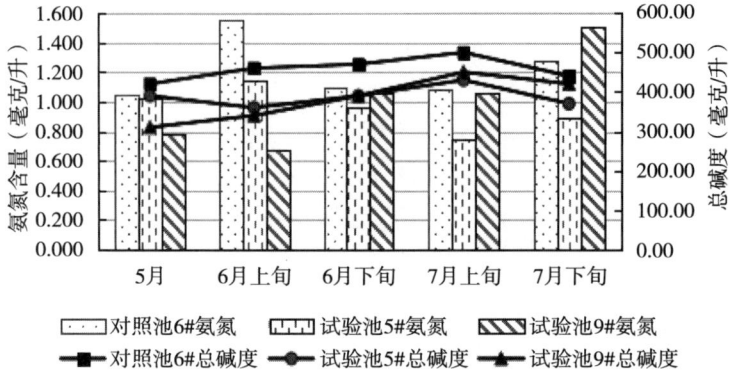

图 2-12　试验点 2 有益菌调节池塘水质氨氮与总碱度变化情况

照池隐藻为优势种，试验池绿藻为优势种；6 月对照池硅藻为优势种，试验池先以绿藻、蓝藻为优势种后以硅藻、裸藻为优势种；7 月对照池塘以裸藻、绿藻、蓝藻为优势种，试验池塘以绿藻、蓝藻、甲藻、裸藻为优势种，但数量较少，未出现水华（表 2-10）。

表 2-10　试验点 2 试验及对照池塘浮游生物组成

采样信息	池塘	浮游生物组成
5 月 13 日	6 号（对照）	藻类少，杂质多；藻类优势种为隐藻
	5 号	杂质多；藻类极少，单针藻、小球藻
	9 号	纤维藻、单针藻、小球藻
6 月 11 日	6 号（对照）	藻类种类不多；优势种为硅藻；有原生动物、轮虫
	5 号	水色深，浑浊，藻类种类少，有四星藻等；有原生动物、轮虫
	9 号	藻类种类少；有栅藻、小球藻、胶网藻、纤维藻、四角藻、席藻等
6 月 26 日	6 号（对照）	藻类种类不多；主要有硅藻、绿藻、蓝藻、裸藻；有原生动物、轮虫
	5 号	水浑浊，藻类种类少，有菱形藻、小环藻等；有原生动物、轮虫
	9 号	藻类种类少；优势种为裸藻、蓝藻、硅藻等；有原生动物
7 月 12 日（采样前下大雨 2 天）	6 号（对照）	水浑浊；藻类优势种为裸藻、衣藻、隐藻；有桡足类、原生动物
	5 号	藻类较少；优势种为绿藻、蓝藻；有原生动物、桡足类
	9 号	浮游动物多、浮游植物少；浮游植物优势种为甲藻、裸藻、蓝藻等；浮游动物优势种为桡足类、枝角类
7 月 24 日	6 号（对照）	藻类种类、数量较少；优势种为蓝藻；有原生动物、轮虫
	5 号	藻类优势种为蓝藻；有原生动物
	9 号	藻类优势种为裸藻、硅藻；有原生动物

三、取得成效

通过进行本地有益菌水质调节，试验基地均取得了显著的经济效益（表2-11）。天津钜丰源农业科技有限公司成本降低了2.3元/千克，新增产值467.04万元，新增利润384.24万元；天津市益多发水产养殖专业合作社成本降低了1.56元/千克，新增产值112.64万元，新增利润92.00万元。

表2-11　试验基地养殖情况

试验基地	池塘	面积（亩）	总产量（吨）	亩产量（千克）	亩投入（元）	虾单价（元/千克）	总产值（万元）	亩产值（元）	总利润（万元）	亩利润（元）	平均成本（元/千克）
试验点1	试验池塘	300	95.7	319	7 086	37	354.09	11 803	141.51	4 717	22.21
	对照池塘	7	1.76	251	6 522	37	6.51	9 329	1.96	2 800	25.94
试验点2	试验池塘	800	285.6	357	7 063	50	1 428.00	17 850	862.96	10 787	19.78
	对照池塘	40	10.9	273	6 028	44	47.96	12 013	23.94	5 984	22.12

四、经验启示

选择从养殖区域本地池塘自行分离扩培有益细菌，既未添加抗菌药和国家禁止使用药物，又使池塘水体达到了养殖动物适宜生长的水质条件。

第三章　耐盐碱高效养殖良种筛选技术模式

第一节　原理及要点

本技术模式规定了耐盐碱高效良种筛选的养殖条件、品种筛选、苗种选择、运输、驯化、放养、养殖模式、水质管理、饲养管理、尾水治理和捕捞等技术。

本技术模式适用于华北内陆碳酸盐型、氯化物型盐碱水池塘养殖。

一、养殖条件

（一）池塘条件

要求水源充足，光照及通风良好，进排水方便，道路畅通，通三相电。

养殖环境和水质应符合《无公害农产品 淡水养殖产地环境条件》（NY/T 5361—2016）的规定。池塘的土质以壤土最好，黏土次之，砂土最差，底泥厚约 20 厘米。

池塘以东西长、南北宽的长方形池为宜，长宽比宜 5∶3。池底以中央略高于四周似龟背形为宜，且略倾斜于排水口。池埂坡比 1∶（2.0～3.0），深度应在 2.0～3.0 米。

苗种塘 3～5 亩，成鱼（虾、蟹）塘以 10～30 亩为宜。

（二）清塘与消毒

精养池塘应每隔 3～5 年清淤 1 次，使淤泥厚度保持在 20 厘米左右，经充分冰冻和曝晒后，于养殖前期用含氯石灰或三氯异氰尿酸粉等药物消毒。上年发生过严重病害的池塘应使用消毒药物剂量的上限。

二、水质调节

（一）底质改良

池塘底质的好坏对水产养殖起到关键作用，底质恶化产生的硫化氢、氨气等有毒气体进入水体引起水质恶化。同时，大量有机质为底泥病原提供营养，病原借机大量繁殖，加剧养殖动物的发病。

（1）彻底清塘清除淤泥，为保持良好水质，每隔1～2年应清除20～30厘米呈黑色的底泥。池底再经过冰冻日晒，促进有机物质的分解，杀灭病原微生物。

（2）使用清塘药物消毒，减少病原的滋生。

（3）彻底解决池塘底质问题还需用生物的方法，恢复池底生态平衡。可使用本地池塘筛选扩繁的乳酸菌、光合细菌等进行调节，补充池底益生菌、分解底部有机质、竞争性减少病原数量等。

（4）其他方法，如提高饲料利用率减少浪费、减少青草投喂、不过度施肥等，从源头上解决排泄物对底质和水质的污染；防止水草大量生长，及时捞出过多或死亡的水草，以防腐烂变质。

（二）注水

苗种放养前7～10天注入新水，注水前需检测水源水质状况并记录。养殖初期池塘水深控制在1.0～1.5米，养殖中后期水深应控制在1.5～2.5米。

（三）肥水

藻种补充：肥水前应用显微镜检测水体藻类，确保水体藻相的正常。大部分池塘开春都进行了干塘、晒塘、消毒等过程，导致藻种缺乏，可选择水源水藻类多样性好、数量适宜时引进水源水补充藻种。

菌种补充：新池塘或底质老化池塘还要适当使用有益细菌，有益菌既可消除池塘中的氨氮、亚硝酸盐氮、硫化氢等有害物质，还可分解有机质，降低水体和底质中的有机质含量，给养殖水体提供营养。

三、品种筛选

（1）选择与本地区气候、土壤、水质、水温、饵料资源等相适应的养殖品种。

（2）经过养殖生产比对试验，选择在生长性能、饵料系数、抗病能力、养殖成本、养殖周期、经济效益等方面具有明显优势的品种。

（3）要求苗种来源充足、价格稳定、养殖技术成熟、市场需求量较大。

四、苗种选择

严格控制苗种质量，有条件的养殖场宜自繁自育，也可向良种场购买，供种方要具有相关资质和检疫合格报告。苗种要求品种纯正、活力强、无疾病、规格大小均匀。同时，要结合生产实际确定放养苗种规格。

鱼苗：首先要看其体色，一般来讲，优质的鱼苗群体色素相同，无死苗，鱼体清洁，略带微黄或稍显红色。此外，优质的鱼苗会逆水游泳，活力强。

夏花、鱼种：优质的夏花、鱼种，一般是同一种鱼出塘，要规格整齐、体色鲜艳有光泽。在池塘中行动活泼，集群游泳，抢食能力强，受惊吓后能迅速下沉等。

虾苗：个体大小均匀整齐，体长 0.8～1.2 厘米或标粗后 2 厘米以上的苗种。体表透明、干净，肢体完整。游泳有明显的方向性，活力强，对外界刺激反应灵敏。肝胰腺呈黄褐色，不浑浊，鳃部洁净。

蟹苗、蟹种：个体规格大小一致，体色深浅一致，呈淡青黄色，稍带光泽。活动能力强，爬行敏捷。蟹苗一般每千克 14 万～16 万只为优质苗；每千克 18 万～22 万只质量中等；每千克 24 万～30 万只为劣质蟹苗。蟹种规格为每千克 100～160 只。

五、苗种运输

苗种运输与苗种体质、运输密度、水温、水质、溶氧密切相关。

（一）鱼苗运输方法及注意事项

鱼苗运输可采用塑料袋充氧或者活鱼车，运输时应注意以下几点：

（1）应选择规格整齐、体质健壮、无创伤、游动活泼苗种。

（2）运输前应进行拉网锻炼，并使苗种预先排空肠内粪便，减少体表黏液。

（3）选择适宜的运输温度，一般情况下，水温应控制在 10～20 ℃。

（4）要保证运输水质良好，溶氧充足。

（二）虾苗运输方法及注意事项

虾苗运输一般采用塑料袋充氧的方式。运输时应注意以下几点：

（1）应在早、晚气温偏低时装运。长途运输可用空调车或加冰降温，但应注意逐步降温，下车时逐步升温，防止温差太大。

（2）运输时做好衔接工作，检查好运输工具，以免发生故障。做到快装、快运、快下塘。虾苗下塘前将尼龙袋放入塘内 15～20 分钟，待袋内水温与塘水水温基本一致时再放苗入塘。

（3）装苗用水最好是塘水，但必须清新不肥，无污染。一般不用自来水，如必须用自来水也应先曝气，提前将自来水放置在容器内备用。

（4）虾苗下塘前先可把虾苗放入用密网布制作的网箱内，投喂煮熟的蛋黄浆，虾苗饱食后将网箱的一头压入水下，让虾苗自己游出。

（三）蟹苗运输方法及注意事项

蟹苗适合干法运输。采用特制木制蟹苗箱，长 40～60 厘米、宽 30～40 厘米、高 8～12 厘米，箱框四周各挖一窗孔用以通风。箱框和底部都有网纱防止蟹苗逃逸，5～10个箱为一叠，每箱可装蟹苗0.5～1千克。蟹苗运输应注意以下几点：

（1）蟹苗箱必须在水中浸泡12小时，以保持运输途中潮湿的环境。

（2）蟹苗箱内应先放入水草。箱内用水花生茎撑住箱框两端，然后放一层满江红等水草。使箱内保持一定的湿度，也防止蟹苗在一侧堆积，并保证蟹苗层的通气良好。

（3）蟹苗运输应坚持宜干不宜湿的原则，长途运输时，装苗前应预先将称重后的蟹苗放入筛绢袋内，甩去其附肢上的黏附水，然后均匀地分散在苗箱水草上。

（4）一般每箱装运的密度控制在1千克，运输时间控制在24小时内。

（5）运输途中，尽量避免阳光直晒或风直吹，以防止蟹苗鳃部水分蒸发而死亡。

（6）运输途中，如蟹苗箱过分干燥，可用喷雾器将木箱喷湿，以保持箱内环境湿润，一般苗体不必喷水，否则反而造成蟹苗附肢黏附过多水分，支撑力减弱而造成死亡。

（7）有条件可用空调车运送，并适当通风。气温控制在20℃，最低气温不能低于15℃，其气温骤变的安全范围不超过5℃。加冰降温运输的，冰水不可滴至蟹苗上。

六、苗种驯化

鱼苗以粉料（细度高）为宜，可以把鱼料用水掺和成堆食，放在鱼池浅水或料台处，也可撒喂料粉，先少后多、先远后近，经过重复多次后，便可使鱼苗从全塘分散觅食逐渐集中到饵料台或投料区集群摄食。同时，每次喂料前敲打或者故意发出某种声响，以刺激、引诱使鱼苗形成条件反射。

鱼种驯料以颗粒饲料为宜，人工投喂饲料时，在投饵前5～10分钟用同一频率（快慢相同、强度相同）的声响（比如敲击饲料桶的声音或者拍掌、吹哨）对鱼类苗种进行引诱，一边缓慢投喂一边发出声响，让鱼苗产生条件反射，一般3～5天即可驯料吃食成功，温度越高，驯料时间越短。

虾苗淡化：虾苗对盐度的降低需要一个逐步适应的过程。虾苗标粗时每天盐度变化不得高于1～2。淡化时选择合适的饲料，坚持少量多餐，一天投料6次为宜。淡化水温控制在25～30℃。

蟹苗试水：蟹苗放养前要进行"试水"，即将蟹苗连纱袋一起浸入池内，让其鳃内充分吸水，1～2分钟后拎出水面，1～2分钟后再浸一次，如此往复2～3次，待其鳃内不冒泡沫为止，方可沿池塘四沿投放，让其自然地爬入池内。

七、养殖模式

主养模式：确定主养鱼、虾、蟹和配养鱼。主养鱼、虾、蟹在放养数量上占较大比例，而且是投喂和管理的主要对象；配养鱼处于配角的养殖地位，它们可以充分利用主养鱼的残饵和粪便形成的腐屑以及水中的天然饵料。例如，以草鱼、武昌鱼、青鱼等草食性鱼类为主养鱼的养殖类型，以鲤、鲫等杂食性为主养鱼的养殖类型，以滤食性鱼类为主养鱼的养殖类型。

混养模式：为了充分利用水体空间和饵料资源，根据养殖水域条件、苗种来源选择不同食性、不同活动水层的品种进行混养。包括主养杂食性鱼类混养滤食性鱼类，主养鱼混养虾、蟹，主养虾、蟹混养鱼，鱼-虾-蟹混养等模式。

八、苗种放养

（一）放养时间

当鱼苗卵黄囊小、鳔充气，能平游后下塘，下塘前喂蛋黄 1 次；鱼苗下塘时水温差应控制在 2 ℃以内，选择在晴天上午放苗，下塘地点选择在池塘的上风处。鱼种放养有秋季放养和春季放养两种方式，因秋季放养越冬管理复杂，实际生产中多以春季放养为主。

虾苗一般在 5 月中旬至 6 月上旬入塘，蟹苗一般在 4—5 月入塘。

（二）放养规格

鱼苗一般在 3 厘米以上，鱼种一般在 100～500 克/尾，虾苗每尾一般在 1.0 厘米以上，蟹苗每只在 5～10 克。放养的苗种要求规格均匀，一次性放足；入塘时操作要轻柔，避免苗种受伤，并使其自然游散。

（三）放养密度

鱼苗放养密度为 2 000～3 000 尾/亩，鱼种 1 000～2 000 尾/亩；虾苗 2 万～5 万尾/亩；蟹苗放养密度控制在 600～800 只/亩。

九、水质管理

（一）溶氧

增氧方法：合理水草布局，防止水草过密夜间因呼吸作用大量消耗氧气，造成夜间严重缺氧。以河蟹为例，蟹塘水草覆盖率控制在 60%左右，留有通风行（喂食带）。

强化底质改良：适当降低底泥厚度，采用本地池塘筛选扩繁的有益菌改底和微孔管道增氧结合，改良底质菌群结构。

合理增氧：提倡微孔管道增氧和风车式推水增氧有机结合，确保养殖水体溶氧均衡。晴天下午开机，将上层高溶氧水带入底层；阴天上午开机，防止水体缺氧；闷热雷雨天气全天开机增氧，填补大风低压引起水中溶氧外溢的缺口。

（二）合理调节 pH

水体 pH 是反映水质是否适宜鱼虾生长的重要指标，决定着水体中的生物繁殖和水质的化学状况，直接影响鱼虾的生长。鱼虾适宜的 pH 是 7.5～8.6，超出适合范围鱼虾就会应激或受害。当 pH 过高时，可注新鲜水为主，也可控制藻类的繁殖，减缓养殖过程中 pH 的继续升高，也可泼洒乳酸菌。

（三）控制氨氮和亚硝酸盐氮含量

如果出现含量偏高，可通过加注新水或换水的方式，起到稀释或冲淡有毒物质浓度降低毒性的作用；也可通过施加氧化剂、臭氧和过硫酸氢钾等加速水体中氨氮、亚硝酸盐氮向硝酸盐氮转化；还可通过向水中泼洒光合细菌、硝化细菌等吸收、转化氨氮及亚硝酸盐氮。

（四）观察水色变化

水色主要由池塘水体内的浮游生物、有机质及悬浮物构成。辨认池塘水色并及时调控是水产养殖中的一门重要技术。优良水色有鲜绿色、黄绿色、茶褐色等，劣质水色有蓝绿色、黑褐色、红棕色等。

十、投喂管理

宜选用颗粒饲料和青饲料，确保饲料质量和营养物质含量。在饲料投喂中，应坚持"四定四看"。四定即定质、定量、定时、定位。四看即一看鱼（虾、蟹）吃食情况，当鱼群活动正常和摄食旺盛时要适当多投喂，当鱼群活动不正常时则要少投喂；二看水，水质好时要多投喂，水质差时要少投喂；三看天气，晴天多投喂，阴天少投喂；四看季节，高温时要控制投饵量，水温偏低时要少投喂。

十一、养殖尾水治理技术

（一）池塘鱼菜共生综合种养技术

鱼菜共生是一种涉及鱼类与植物的营养生理、环境、理化等学科的生态型可持续发展农业新技术，就是在养殖池塘内种植蔬菜等植物，将渔业和种植业有机结合，进行池塘鱼菜生态系统内物质循环，互惠互利。

（二）有益菌调控水质技术

采用从本地养殖池塘内筛选出的有益菌，经扩培，添加至养殖池塘中，促进有益菌形成优势种群，快速降解、转化有机物，使物质循环畅通，减少养殖代谢产物和有害物质的积累，有效降低养殖水体中氨氮、亚硝酸盐氮、硫化氢等有害因子浓度，促进优良微藻的繁殖，抑制有害藻，保持稳定良好的水色，达到改善养殖水体环境的作用。

十二、养成收获

(一) 夏花

鱼苗培育至全长 3 厘米，出塘前拉网锻炼 2～3 次，起网时不可使鱼过度聚集，计数时带水操作，出塘时规格不齐用鱼筛分选。

(二) 商品鱼

商品鱼捕捞分夏季分次捕捞和秋季一次性捕捞两种方式，捕捞网具以大拉网为主，清晨水温偏低时捕捞。捕捞时要带水操作，注意动作轻缓，避免鱼体受伤。夏季捕捞前投喂一周左右的维生素 C 钠粉，以提高鱼体的抗应激能力。

(三) 虾

当水温低于 18℃时，应将池虾全部起捕完毕，可用虾笼、拉网等。虾笼捕虾，可捕大留小，均衡上市，一般池中水温较高、虾活动频繁时使用，每次放笼时间不宜超过 2 小时。拉网捕虾适合虾池池底平坦、淤泥少、水温较低、一次起捕量大时采用。

(四) 蟹

9 月下旬至 10 月上旬，采用灯光诱捕、地笼张捕等多种方法进行人工抓捕。

第二节　典型案例

一、案例背景

呼和浩特昊海渔业发展有限公司成立于 2012 年，注册资金 150 万元，专业经销哈素海有机鱼、2814 生态鱼，实行产、购、销一条龙服务。公司下设有昊海鲜鱼庄、昊海渔家乐、昊海养殖场，是集旅游、生态养殖、渔业观光于一体的大型渔业龙头企业。公司在呼和浩特市察素齐镇有产品销售连锁店和餐馆。

该公司现有标准化池塘 1 000 亩，基础设施良好，生产设备齐全，技术力量雄厚。与内蒙古自治区水产技术推广站、土默特左旗水产管理站合作承担并完成了池塘绿色养殖、新品种试验示范、高效养殖模式构建、养殖尾水调控、微孔增氧、棚塘接力养殖、鱼虾混养、鱼虾蟹混养等多项科研、推广项目，获得了多项奖励。

呼和浩特昊海渔业发展有限公司是国家大宗淡水鱼产业技术体系呼和浩特综合试验站池塘养殖核心示范区，被呼和浩特市人民政府认定为"第十批市级农牧业产业化经营重点龙头企业"，公司获得了有机产品认证证书、质量管理体系认证证书，养殖场被农业农村部认定为水产健康养殖示范场。

二、主要做法

针对内蒙古自治区沿黄河及西辽河流域渔业发展中存在养殖品种单一、养殖方式粗放、技术水平低、资源利用率不高、养殖产量低、收益不稳定等问题，在国家重点研发计划项目"华北多类型盐碱水综合养殖模式构建与示范应用"的支持下，呼和浩特昊海渔业发展有限责任公司开展了耐盐碱品种高效养殖模式示范推广，构建了池塘主养福瑞鲤、异育银鲫"中科 5 号"、花鲈，以及鱼-虾混养、鱼-虾-蟹混养等模式。通过 2021、2022 年两年的养殖试验，平均经济效益提高 20% 以上，综合效益提高 35% 以上，有效优化了养殖品种结构，增加了养殖品种，解决了盐碱水体养殖品种少的难题，推动了低洼盐碱地开发与利用，提高了土地利用率，拓展了渔业发展空间，提高了沿黄河及西辽河流域水产养殖业规模化、集约化、标准化水平，提升了科学技术在渔业发展中的贡献率。现将技术要点介绍如下：

（一）耐盐碱高效养殖良种筛选技术构建

该技术集成了养殖苗种选择、培育、放养密度、水质管理、饲养管理等方面技术，有效优化了养殖品种结构，增加了养殖品种，提高了养殖效益。

1. 苗种选择

要严格控制苗种质量，最好自育，也可向正规苗种场购买，供种方要具有相关资质和检疫报告。苗种要求品种纯正、活力强、无疾病、规格大小均匀。本试验选择品种为福瑞鲤、异育银鲫"中科 5 号"、花鲈、鲢、鳙。

2. 苗种驯化

鱼苗以粉料（细度高）为宜，鱼种驯料以颗粒饲料为宜，可以采用堆食、挂袋等方式，同时，每次喂料前敲打或者故意发出某种声响，以刺激、引诱鱼苗形成条件反射。

3. 苗种放养

（1）放养时间　当鱼苗卵黄囊小、鳔充气，能平游后，实施下塘（下塘前喂蛋黄 1 次）；鱼苗下塘时水温差应控制在 2 ℃以内，选择在晴天上午放苗，下塘地点选择在池塘的上风处。鱼种放养有秋季放养和春季放养两种方式，因秋季放养越冬管理复杂，实际生产中多以春季放养为主。虾苗一般在 5 月中旬至 6 月上旬入塘，蟹苗一般在 4—5 月入塘。

（2）放养规格　鱼苗一般在 3 厘米以上，鱼种一般在 100～500 克/尾，虾苗一般体长在 1.5 厘米以上，蟹苗 2 克/只以上。放养的苗种要求规格均匀，一次性放足；入塘时操作要轻柔，避免鱼体受伤，并使其自然游散。

（3）放养模式及密度　池塘主养福瑞鲤，搭配鲢、鳙，福瑞鲤苗种放养规格为 3～5 厘米，密度为 1 万尾/亩，放养苗种数量 100 万尾，鲢、鳙夏花按 2 000 尾/亩投放。

池塘主养异育银鲫"中科 5 号"搭配鲢、鳙，苗种放养规格为 3～5 厘米左右，放养苗种密度 1 万尾/亩，鲢、鳙夏花按 2 000 尾/亩投放。

池塘主养花鲈，搭配鲢、鳙，花鲈放养苗种规格为 5～7 厘米，放养密度为 1 000 尾/亩，鲢、鳙夏花按 2 000 尾/亩投放。

4. 水质管理

（1）水中溶氧 高产池塘由于鱼类养殖密度高，需要投喂大量的饲料，所产生的残饵和粪便在分解过程中需要消耗大量氧气，容易造成缺氧死鱼。要通过加注新水或使用增氧机，以提高水中的溶氧量，保持水质清新。

（2）加强巡塘，防止发生"转水" "转水"主要发生在春夏之间。浮游动物由于水温适合而大量繁殖，并消耗大量浮游植物，使池塘中浮游动物和浮游植物的比例严重失衡，破坏了池塘中溶氧的供需平衡，导致严重缺氧。

（3）合理调节 pH 当 pH 过低时，可用生石灰水全池泼洒，但要求浓度不宜过高，另外也可适当追肥，培养藻类生长，利用藻类的光合作用来降低水中 CO_2 含量，从而调节 pH。pH 过高时，一般以加注新鲜水为主，减缓养殖过程中 pH 的继续升高，也可用生物改良剂来调节水质。

（4）密切关注水中氨氮和亚硝酸盐含量 如果出现含量偏高，则可通过加注新水或换水的方式，起到稀释或冲淡有毒物质浓度降低毒性的作用。也可通过施加氧化剂如增氧剂、臭氧和过硫酸氢钾等加速水体中氨氮、亚硝酸盐等向硝态氨转化。或通过向水中施加有益微生物制剂如光合细菌、芽孢杆菌和硝化细菌等分解高浓度的氨氮及亚硝酸盐。

5. 投喂管理

一般选用颗粒饲料和青饲料，确保饲料质量和营养物质含量。在饲料投喂中，一定要坚持"四定四看"。四定即：定质、定量、定时、定位。四看即：一看鱼（虾、蟹），根据吃食情况来投饵，当鱼群活动正常和摄食旺盛时要适当多投喂，当鱼群活动不正常时则要少投喂；二看水，水质好时要多投喂，水质差时要少投喂；三看天气，晴天多投喂，阴天少投喂；四看季节，高温时要控制投饵量，水温偏低时要少投喂。

三、取得成效

（一）经济效益

1. 福瑞鲤高效养殖模式经济效益分析

2021 年，在福瑞鲤高效养殖模式示范点，平均亩产为 820 千克，较项目实施前平均增产 140 千克/亩。鲢平均增产 16 千克/亩，鳙平均增产 25 千克/

亩。平均每亩增收 2 568 元，提高了 22.91%；项目累计示范面积 16 000 亩，累计推广面积 25 000 亩，总收益 10 528.8 万元。通过实施科学管理和健康养殖技术，饲料、水、电、药物等成本降低了 629 元/亩，降低了鱼病的发生率，减少经济损失按 300 元/亩计算，综合效益提高了 31.2%。

2022 年，在福瑞鲤高效养殖模式示范点，平均亩产 856 千克，较项目实施前平均增产 176 千克/亩。鲢平均亩产为 126 千克，较项目实施前增产 36 千克/亩；鳙平均亩产为 139 千克，较项目实施前增产 45 千克/亩。平均每亩增收 3 464 元，提高了 28.04%；累计示范面积 10 000 亩，累计推广面积 15 500 亩，总收益 8 833.2 万元。通过实施科学管理和健康养殖技术，饲料、水、电、药物等成本降低了 629 元/亩，降低了鱼病的发生率，减少经济损失按 300 元/亩计算，综合效益提高了 35.57%。

2. 异育银鲫"中科 5 号"高效养殖模式经济效益分析

2021 年，在异育银鲫"中科 5 号"高效养殖模式示范点，平均亩产为 740 千克，较项目实施前平均增产 130 千克/亩。鲢平均增产 16 千克/亩，鳙平均增产 25 千克/亩。平均每亩增收 2 668 元，平均提高 21.23%；项目累计示范面积 4 000 亩，累计推广面积 15 000 亩，总收益 5 069.2 万元。通过实施科学管理和健康养殖技术，饲料、水、电、药物等成本降低了 629 元/亩，降低了鱼病的发生率，减少经济损失按 300 元/亩计算，综合效益提高了 28.62%。

2022 年，在异育银鲫"中科 5 号"高效养殖模式示范点，平均亩产为 768 千克，较项目实施前平均增产 158 千克/亩，鲢平均亩产为 126 千克，较项目实施前增产 36 千克/亩；鳙平均亩产为 139 千克，较项目实施前增产 45 千克/亩。平均每亩增收 3 492 元，提高了 28.04%；累计示范面积 4 500 亩，累计推广面积 9 000 亩，总收益 5 502.6 万元。通过实施科学管理和健康养殖技术，饲料、水、电、药物等成本降低了 629 元/亩，降低了鱼病的发生率，减少经济损失按 300 元/亩计算，综合效益提高了 35.5%。

3. 花鲈高效养殖模式经济效益分析

2021 年，在花鲈高效养殖模式示范点，平均亩产为 122 千克。鲢平均亩产为 106 千克，较项目实施前增产 16 千克/亩；鳙平均亩产为 121 千克，较项目实施前增产 25 千克/亩。花鲈按市场价 70 元/千克、成本价 40 元/千克计，平均每亩纯收益 3 988 元，累计示范面积 500 亩，总收益 199.4 万元。

2022 年，在花鲈高效养殖模式示范点，平均亩产为 151 千克。鲢平均亩产为 126 千克，较项目实施前增产 36 千克/亩；鳙平均亩产为 139 千克，较项目实施前增产 45 千克/亩。花鲈按市场价 70 元/千克、成本价 40 元/千克计，平均每亩纯收益 5 178 元，累计示范面积 150 亩，总收益 77.67 万元。

4. 鱼-虾混养模式经济效益分析

2021年，在鱼-虾混养模式示范点，平均亩产为268千克，较项目实施前平均增产52千克/亩。鲢平均增产16千克/亩，鳙平均增产25千克/亩。平均每亩增收3 448元，提高了23.89%；项目累计示范面积5 500亩，累计推广面积12 000亩，总收益6 034万元。通过实施科学管理和健康养殖技术，饲料、水、电、药物等成本降低了694元/亩，降低了鱼病的发生率，减少经济损失按300元/亩计算，综合效益提高了30.78%。

2022年，在鱼-虾混养模式示范点，南美白对虾平均亩产为302千克，较项目实施前平均增产86千克/亩。鲢平均增产为36千克/亩；鳙平均增产为45千克/亩。平均每亩增收5 808元，提高了40.24%；项目累计示范面积5 300亩，累计推广面积8 500亩，总收益8 015.04万元。通过实施科学管理和健康养殖技术，饲料、水、电、药物等成本降低了694元/亩，降低了鱼病的发生率，减少经济损失按300元/亩计算，综合效益提高了47.13%。

5. 鱼-虾-蟹混养模式经济效益分析

2021年，在鱼-虾-蟹混养模式示范点，南美白对虾平均亩产为258千克，较项目实施前平均增产42千克/亩。鲢平均增产10千克/亩，鳙平均增产15千克/亩，蟹平均增产13千克/亩。平均每亩增收3 500元，提高了24.25%；项目累计示范面积50亩，总收益21.14万元。通过实施科学管理和健康养殖技术，饲料、水、电、药物等成本降低了694元/亩，降低了鱼病的发生率，减少经济损失按300元/亩计算，综合效益提高了31.14%。

2022年，在鱼-虾-蟹混养模式示范点，南美白对虾平均亩产为276千克，较项目实施前平均增产60千克/亩。鲢平均增产26千克/亩，鳙平均增产35千克/亩，蟹平均增产33千克/亩。平均每亩增收6 068元，提高了42.05%；项目累计示范面积50亩，总经济效益30.34万元。通过实施科学管理和健康养殖技术，饲料、水、电、药物等成本降低了694元/亩，降低了鱼病的发生率，减少经济损失按300元/亩计算，综合效益提高了48.93%。

(二)社会效益

耐盐碱品种高效养殖模式构建与示范，有效改善了水域生态环境及土壤环境，达到了以渔改碱、以渔治碱的目的。该模式引进筛选的耐盐碱鱼虾蟹新品种，也为广大消费者带来了更为丰富的优质水产品，满足了消费者日益增长的消费需求，社会效益明显。耐盐碱品种高效养殖技术模式，具有长期性、实用性、可操作性等特点，不仅适用于参试水面条件，同样适用于其他盐碱水域及池塘，这对于促进盐碱水域的综合开发利用、提高养殖产量及效益有着深远的意义。

四、经验启示

耐盐碱品种高效养殖模式的成功建立，解决了内蒙古自治区沿黄河流域渔业发展中存在的养殖品种单一、养殖方式粗放、技术水平低、资源利用率不高、养殖产量低、收益不稳定等问题，激发了广大养殖户的生产积极性，带动了渔民增收。同时，在试验过程中也存在对新品种养殖技术掌握不细、管理跟不上的问题，影响了养殖效益，因此在新品种养殖经验方面还需向南方先进省份学习交流（彩图 2～彩图 5）。

第四章 盐碱水大口黑鲈接力高效养殖技术模式

第一节 原理及要点

本技术模式适用于北方盐碱地地区提早上市的大口黑鲈工厂化车间—室外池塘或温棚—室外池塘接力高效养殖。

一、鱼苗培育

（一）工厂化培育条件

工厂化车间应具备保温、防水、防潮、防霉和防腐条件。配备辅助加热设备，如空气源热泵、水源热泵等。具备水质净化及循环水养殖设施设备，能实现养殖水的循环利用。培育水泥池以 12～36 米² 为宜，池深 1.5～2.0 米，池壁光滑。

（二）温棚培育条件

宜建双层膜大棚，并配备卷帘保温被设施。培育池宜建成半地下式，池底及墙体采用保温材料。配备辅助加热设备，如空气源热泵、水源热泵等，可建成长方形圆角池，也可建成跑道式长形池，长 20 米、宽 5 米、池深 2 米为宜，配备水质净化、水循环设施设备，能实现养殖水的循环利用。

（三）放苗

上一年 12 月引进规格 6 厘米左右经驯化的大口黑鲈苗种。苗种体质健壮，体表无伤，经检疫合格且不携带柱状黄杆菌、诺卡氏菌、溃疡症病毒、虹彩病毒、大口黑鲈蛙病毒、弹状病毒、细胞肿大病毒等病原微生物及寄生虫。放苗前应清洗池子，用含氯石灰消毒，毒性消失后进水，并将池水温调至 18 ℃，每立方米水体放养 3 000 尾，放养时使盛苗水温度和培育池温度一致。

（四）投喂

入池第 2 天开始投喂人工配合颗粒饲料，日投饲率 1%～5%，以饱食程度调整投喂数量，每日投喂 4 次。

(五) 水质调节

初始水深 50～60 厘米，以后每天加注少量新水，逐渐加至 100 厘米。每周检测池水 pH、溶氧、氨氮、亚硝酸盐氮，实时监测水温。使 pH 保持 7.2～8.6，溶氧大于 5 毫克/升，氨氮小于 1 毫克/升，亚硝酸盐氮小于 0.1 毫克/升，水温控制在 20～23 ℃。根据水质检测结果，定期施用本地区池塘内筛选出的有益细菌；定期吸污、换水、倒池、洗池。

(六) 病害防治

每周检查鱼病，定期投喂维生素 C 钠粉、黄芪多糖粉或芪参散，定期投喂六味地黄散等保肝中草药。

(七) 分池

根据生长情况每 10～15 天对苗种进行一次筛选，按鱼苗的大小分池养殖，并逐步降低培育密度。分级筛选与倒池同时进行，至 5 月出池，密度降低至每立方米 100 尾。

二、室（棚）外成鱼养殖

(一) 池塘条件

单池面积 5～20 亩，水源水质良好，水量充足，水深 1.5～2.5 米，每亩配备功率 0.3～0.5 千瓦的增氧设备。

(二) 放苗前的准备

鱼苗放养前 60 天清淤，使塘底淤泥厚度小于 10 厘米，晒干至龟裂状，放养前 10 天，用含氯石灰全池泼洒消毒，放苗前 7 天，水源水经 60 目筛绢过滤后进入池塘，有补水条件的池塘使水位达到 1 米。检测水质，pH 宜 7.0～8.6，非离子铵≤0.21 毫克/升，盐度<9，碱度≤10 毫摩尔/升。

(三) 苗种投放

放养前应做鱼病检测。鱼种体格健壮、体色鲜亮、无病、无畸形、规格一致，投苗数量依计划出塘销售时间、投放苗种规格以及养殖池塘条件、养殖水源条件而定。一般在 5 月上旬，水温 20 ℃左右的晴天，亩投放 2 000～3 000 尾尾重 167 克的大规格苗种；亩套养鲢 100 尾、鳙 30 尾。这种情况下商品鱼约在 8 月出池。

鱼苗运输车运输前，向运输水体中投放维生素 C 钠粉，以减少运输操作带来的应激。运输车到达池边时，用聚维酮碘按浸浴浓度浸浴 15 分钟左右，浸浴时间视鱼体耐受程度而定，如发现鱼体应激强烈，则马上放入池中，全塘泼洒碘制剂进行消毒，毒性消失后马上泼洒有益活菌。运输水温和池塘水温温差不得超过 2 ℃。

（四）饲料投喂

设置食台定点投喂，食台上方宜搭建遮阳棚，减少阳光对大口黑鲈的刺激。投喂大口黑鲈专用人工配合颗粒饲料，蛋白含量45%～50%。投苗当天不投喂，第2天人工定点少量投喂，每天投喂2～3次，每隔2～4小时投喂一次，每次投喂30分钟左右，日投喂量为鱼体重的1%，投喂时应逐步驯化鱼苗集中摄食习性。2～3天后，逐渐增加投喂量，日投喂量控制在鱼体重的3%，每次投喂40～60分钟，以鱼饱食不再摄食为准。养殖期定期使用保肝利胆中草药和免疫增强剂。投喂时要结合鱼群摄食、生长、天气、水温和水质等情况，调整投喂次数和投喂量，如遇高温和天气突变则应适当减少投喂量。

（五）水质调控

有补水条件的池塘，逐渐补水至最高水位后每20～25天换水1次，每次换水不超过20厘米，控制透明度在35～40厘米。叶轮增氧机与水车式增氧机可配合使用，晴天中午增氧机开机1～2小时，如遇高温或闷雨天气增加开机时间，确保溶氧在5毫克/升以上。每7天检测一次水质，包括水温、pH、透明度、氨氮、亚硝酸盐氮、磷酸盐磷、浮游生物优势种及数量。氨氮大于1毫克/升，泼洒光合细菌；亚硝酸盐氮大于0.1毫克/升，泼洒硝化细菌；浮游植物过量繁殖，泼洒枯草芽孢杆菌；理化指标正常时泼洒混合菌。有益菌应采用本地区池塘筛选扩培的细菌。

（六）日常管理

每日早、晚巡塘，观察大口黑鲈活动等情况，发现病鱼及时进行检查。根据鱼活动情况、天气情况、水质情况等及时调整饲料投喂量，根据水质变化情况适时开机增氧，并做好生产记录。

（七）病害防治

坚持"预防为主，治疗为辅"的原则控制疾病的发生。大口黑鲈病毒病主要有虹彩病毒病（蛙病毒、细胞肿大病毒）、弹状病毒病、双链RNA病毒病等。细菌性疾病包括柱状黄杆菌病、鲫诺卡氏菌病、迟缓爱德华氏菌病、维氏气单胞菌病、嗜水气单胞菌病、洋葱霍尔德氏菌病等。寄生虫病病原包括车轮虫、斜管虫、杯体虫、指环虫、鳃隐鞭虫、钩介幼虫、锚头鳋、累枝虫、鱼虱、鱼波豆虫、锥体虫等。药物应在医师现场指导下使用，具体防治方法如下：

1. 病毒性疾病

以虹彩病毒病为例：病鱼变黑和眼睛白内障，体表大片溃烂、鲜红色，尾鳍或背鳍基部红肿，肌肉坏死，部分病鱼胸鳍基部红肿溃烂，下颊骨两边鳃膜有血疱隆起。剖检发现肝、脾、肾病变，因心血管出血心腔有血块凝聚，少数病鱼硬化成干酪状。目前，病毒性疾病尚无有效的治疗药物，发病期间可定期泼洒聚维酮碘或戊二醛全池消毒，同时在饲料中拌服黄连解毒散、清热散。

2. 细菌性疾病

以肠炎为例：病鱼腹部膨大，肛门红肿，挤压腹部有淡黄色黏液流出，主要由肠道弧菌感染所致。治疗时先减料，最好能停喂一餐，用恩诺沙星或氟苯尼考拌饵投喂 5 天，外泼碘制剂消毒。细菌性疾病应分离致病菌完成药敏试验筛选出抗菌药后施用。

3. 寄生虫病

以车轮虫、斜管虫、聚缩虫引起的寄生虫病为例：用杀虫药在投料区集中泼洒，然后全池泼洒碘制剂消毒。其他寄生虫，如涉及敌百虫制剂，敌百虫每立方米水体应小于 0.3 克。

（八）拉网训练及分级

养殖 45~50 天后，如出现规格大小不均的现象，可进行分级，将同一规格鱼同池饲养，避免互残现象。分养工作在天气良好的早晨进行，分级前几日进行 1~2 次拉网锻炼，起捕前泼洒应激药物。

（九）后续养殖及管理

8 月左右，养殖池塘大部分鱼达到商品鱼规格时，及时捕捞达到商品规格的成鱼出池销售，达不到商品规格的鱼继续进行养殖，当水温低于 12 ℃时将成鱼转至养殖车间进行越冬养殖，挑选个体较大、体格健壮、无伤病的大口黑鲈作为亲鱼进行人工繁殖。

第二节　典型案例

一、案例背景

大口黑鲈由于养殖周期短、大小合适、没有肌间刺、价格适中近年来深受市场欢迎，在我国养殖前景广阔。我国南方由于气候及水源优势，大口黑鲈单产较北方高，养殖成本较低。北方地区养殖大口黑鲈要实现最大经济效益，应在气候炎热的 8 月左右，南方大口黑鲈基本不运输到北方的时节上市。因此，在冬季必须在工厂化车间或温棚等，通过提高水温，在 5 月生产出大规格苗种。

天津民杰诚种植专业合作社成立于 2016 年，具养殖水面 1 260 亩，工厂化循环水养殖车间 5 000 米²，建成了工程化环形跑道推水式温棚，将工厂化、温棚和室外池塘养殖有效衔接，建立的大口黑鲈养殖技术既满足了市场需求，又提高了养殖户的收益，同时实现了养殖废水达标排放和循环利用，经济、生态、社会效益良好，形成了一种高效、节能、节水的北方大口黑鲈养殖模式。

二、主要做法

（一）鱼苗培育

1. 工厂化培育车间的构建

鱼苗培育前期在工厂化车间内培育。车间采用钢筋混凝土结构，墙体采用粉煤灰砖，外墙用 5 厘米厚高密度聚苯板保温，内墙喷涂 3 厘米聚氨酯发泡保温，屋顶采用拱形波纹钢结构，内墙喷涂 3 厘米聚氨酯发泡保温（彩图 6）。车间水体加热采用空气源热泵和水源热泵。车间内装备了 6 套循环水养殖系统，每套循环水养殖系统由 10 个养殖池及微滤机、循环泵、生物处理池、紫外线消毒等设施装备组成。

车间养殖池采用圆角砖混结构正方形砖混池，单池规格 6 米×6 米，圆角半径 1.5 米，池深 1.5 米。采用中间排水设计，池壁边缘到池中心的坡降为 6%，排水管采用 $\varphi160$ 毫米 PVC 管，埋于池底，出口采用三套管装置与回水管及排水沟相连。三套管中心插管插上时，池中水流到回水管，进而流到微滤机，通过循环泵进入生物处理池；三套管中心插管拔掉时，池中的水和套管中沉积的粪便、残饵进入排污管道后排出车间。

物理处理单元采用转鼓微滤机过滤，微滤机流量 40 米^3，过滤精度 69 微米。

循环水养殖系统生物处理由 4 级滤池组成。前两级采用固定床，滤料选用弹性毛刷；后两级采用移动床滤器，选用 K5 生物填料，底部充气使 K5 生物填料在水中处于悬浮状态。

循环水系统灭菌采用紫外线，紫外线采用渠道式设计，每套紫外线消毒装置由 15 只 75 瓦紫外线灯管组成，外壳采用不锈钢制作。

热泵采用"水源＋空气源"两用热泵，冬季水温低时采用空气作为热源，当水温上升到 12 ℃时切换到水源热泵。

生产期间，在配水池中利用热泵将水体循环加热，根据换水量及车间温度情况设定配水池加热温度，通过车间定期注入高温度的加热水，维持养殖池水体的温度。利用峰谷平价电，控制热泵运行在低谷电价阶段。

2. 跑道推水养殖温棚的构建

鱼苗培育后期在池塘推水养殖设施温棚内培育。温棚的棚顶设置有呈对称分布的卷帘器，采用保温棉被保温，单个温棚宽 10.32 米，长约 23 米，最高处 3.65 米，门高 2 米。共 2 个并列温棚，每个温棚中建立 2 条并列的养殖槽，每条养殖槽前端有导水槽，轴流泵通过进水管抽取池塘中的水，经导水槽从养殖槽底部进入养殖槽，养殖槽靠近集水槽一侧有分水盘，分水盘中的主水管与集水槽相连，主排水管（$\varphi200$ 毫米）通过插到分水盘中的花孔透水管的上部进水并自流到集水槽中，并通过溢流管回流到池塘中。分水盘中的次排水管（φ75毫米）与竖流沉淀槽相连，通过分水盘的缝隙将沉积的固体颗粒物通过一定水流进入竖流沉淀器并在其中沉淀，定期排放到颗粒物收集槽中。池中护垾将进水口和排水口进行分割，使推水设施中排出的尾水可以在池塘中得到充分净化。为了使养殖过程中排泄的粪便颗粒物快速聚集于分水盘位置，养殖槽底部前端与前端形成6％的坡降，在养殖槽末端分水盘位置用混凝土做一个V形收口。池塘推水设施总平面图见图4-1。

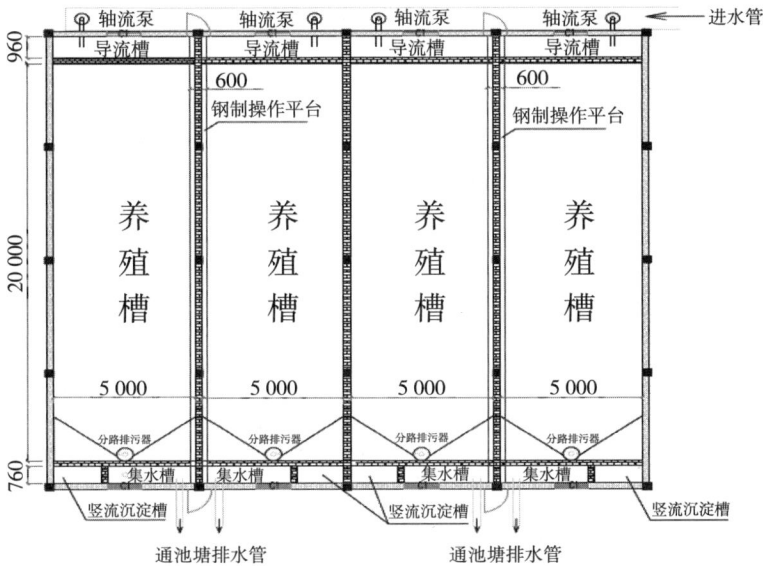

图4-1　池塘推水设施（单位：毫米）

夏季时，通过进水管、轴流泵、溢水管将4个养殖槽和室外南美白对虾养殖池连通，用池塘进行水质净化，见图4-2。冬季时，分别将两个养殖槽连通，其中一个养殖槽养殖大口黑鲈，另一个养殖槽中安装生物填料进行生物净化（图4-3），以减少换水量，保存养殖水温。

该系统不仅可以在冬季时利用内循环微生物对水质净化，从而延长养殖时间；夏季时也可通过池塘净化后循环利用，实现池塘循环净化的功能，从而使得该系统具有池塘净化和内循环净化一体化的养殖功能。

3. 养殖尾水的净化

在温室大棚内构建了颗粒物沉淀、固液分离等物理处理装置，分离后的固体颗粒物经发酵后，作为池塘养殖肥水剂。同时，构建微生物和植物两级水处理设施，处理净化后的尾水通过热能回收装置将热能回收，再进入室外净化池，通过藻类和滤食性鱼类等进一步净化（图4-4）。

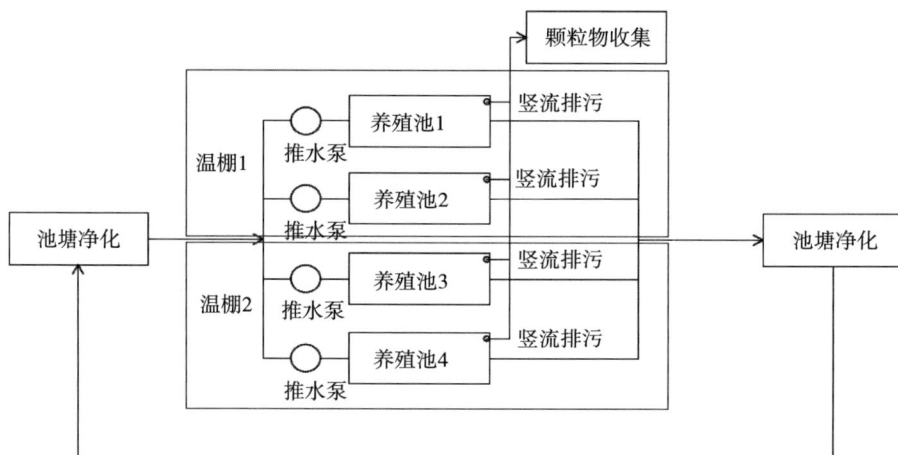

图 4-2　池塘推水设施夏季运行模式

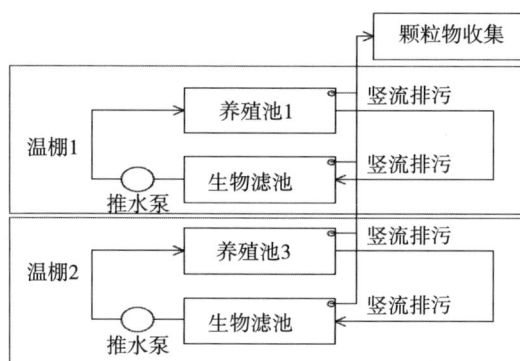

图 4-3　池塘推水设施冬季运行模式

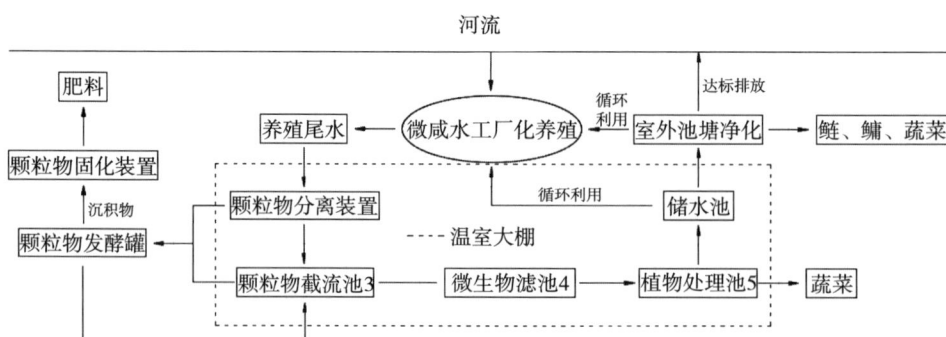

图 4-4　养殖尾水净化流程

4. 放苗

2021 年 12 月 20 日引进经检疫合格，体重 1.8 克的大口黑鲈苗种 14 万尾,进入工厂化循环水养殖车间,苗种体质健壮,体表无伤。放苗前清洗池子,用含氯石灰消毒,毒性消失后进水,并将池水温调至 18 ℃,每立方米水体放养 3 000 尾,放养时使盛苗水温度和培育池温度一致。

5. 投喂

入池第 2 天开始投喂人工配合颗粒饲料,日投饲率 1%～5%,以饱食程度调整投喂数量,每日投喂 4 次。

6. 水质调节

初始水深 50～60 厘米,以后每天加注少量新水,逐渐加至 100 厘米。每周用快速检测试剂盒检测池水 pH、溶氧、氨氮、亚硝酸盐氮,实时监测水温。使 pH 保持 8.0～8.6,溶氧大于 5 毫克/升,氨氮小于 1 毫克/升,亚硝酸盐氮小于 0.1 毫克/升,水温在 20～23 ℃。根据水质检测结果,及时采取调节措施。当氨氮超标时,泼洒光合细菌;亚硝酸盐超标时,泼洒 EM 菌。泼洒的有益细菌为本地区养殖池塘筛选出的,定期吸污、换水、倒池、洗池。

7. 病害防治

每周检查鱼病,定期投喂维生素 C 钠粉、黄芪多糖粉,定期投喂六味地黄散等保肝中草药。

8. 分池

根据生长情况每 10～15 天对苗种进行一次筛选,按鱼苗的大小分池养殖,并逐步降低培育密度。分级筛选与倒池同时进行,待温棚内自然水温达到 20 ℃时,结合筛选进入跑道池温棚继续培育,至 5 月出池,密度降低至每立方米 100 尾。

9. 结果

5 月上旬出池每尾体重 62.5 克大口黑鲈鱼种 8 万尾,成活率 57.1%。

(二)室(棚)外成鱼养殖

1. 池塘条件

池塘 5～20 亩,水源水质良好,水量充足,水深 2.0 米左右,每亩配备功率 0.5～0.75 千瓦的增氧设备。

2. 放苗前的准备

上年度 12 月清淤,使塘底淤泥厚度小于 10 厘米,晒干至龟裂状。放养前 10 天,用含氯石灰全池泼洒消毒;放苗前 7 天,水源水经 80 目过滤后进入池塘。5 月 10 日检测水质,pH 8.38,氨氮 1.13 毫克/升,亚硝酸盐氮 0.11 毫克/升,盐度 1.90,泼洒混合菌进行水质调节。

3. 苗种投放

放养前做鱼病检测。鱼种体格健壮、体色鲜亮、无病、无畸形、规格一致。5月15日，亩投放大口黑鲈鱼种2 000尾，套养鲢100尾、鳙30尾，部分苗种自己培育，部分从外地购买。

鱼苗运输车运输前，向运输水体中投放维生素C钠粉，以减少运输操作带来的应激。运输车到达池边时，用聚维酮碘按浸浴浓度浸浴15分钟左右，浸浴时间视鱼体耐受程度而定，如发现鱼体应激强烈，则马上放入池中，全塘泼洒碘制剂进行消毒，毒性消失后马上泼洒有益菌混合菌。运输水温和池塘水温温差不得超过2 ℃。

4. 饲料投喂

设置食台定点投喂，投喂大口黑鲈专用人工配合颗粒饲料，蛋白含量45%～50%。投苗当天不投喂，第2天人工定点少量投喂，每天投喂2～3次，每隔2～4小时投喂一次，每次投喂30分钟左右，人工投喂饲料的速度根据鱼的抢食状况来确定，摄食激烈，加大投喂面积，且加快速度，按"慢-快-慢"的节律，每次投喂30～40分钟，逐步驯化鱼苗集中摄食习性，日投喂量为鱼体重的1%。2～3天后，逐渐增加投喂量，日投喂量控制在鱼体重的3%，每次投喂40～60分钟，以鱼饱食不再摄食为准。养殖期定期使用保肝利胆中草药和免疫增强剂。投喂时要结合鱼群摄食、生长、天气、水温和水质等情况，调整投喂次数和投喂量，如遇高温和天气突变则应适当减少投喂量。

5. 水质调控

每20～25天换水1次，每次换水不超过20厘米，控制透明度在35～40厘米。晴天中午增氧机开机1～2小时，如遇高温或闷雨天气增加开机时间，确保溶氧在5毫克/升以上。每7天用快速检测试剂盒检测一次水质，每月用经典方法检测一次水质，包括pH、氨氮、亚硝酸盐氮、磷酸盐磷、浮游生物优势种。氨氮大于1毫克/升时，泼洒光合细菌；亚硝酸盐氮大于0.1毫克/升时，泼洒硝化细菌。水质调节结果见表4-1。

表4-1 水质调节结果

项目日期	pH	盐度	氨氮（毫克/升）	亚硝酸盐氮（毫克/升）
5月10日	8.38	1.90	1.13	0.11
5月31日	9.19	1.99	0.01	0.02
6月24日	8.67	2.20	1.40	0.17
7月19日	8.18	2.13	0.71	1.69
8月12日	8.50	1.94	0.41	0.32
9月3日	8.19	1.76	0.07	0.28
9月22日	8.61	1.82	0.63	0.36

大口黑鲈室外养殖池水体 pH 在 8.18~9.19，除一次达到 9.19 外，绝大部分均没有超过 8.7；盐度 1.76~2.21；氨氮在 0.01~1.40 毫克/升，绝大部分均小于 1.0 毫克/升；亚硝酸盐氮在 0.02~1.69 毫克/升，大部分在 0.1 毫克/升左右。水质基本适合大口黑鲈的正常生长。

6. 日常管理

每日早、晚巡塘，观察大口黑鲈活动情况，发现病鱼及时进行检查。根据鱼活动情况、天气情况、水质情况等及时调整饲料投喂量，根据水质变化情况适时开机增氧，并做好生产记录。

7. 病害防治

定期投喂免疫多糖、保肝中药，巡塘发现鱼类外表有轻微损伤或出血时，全池泼洒碘制剂。

8. 出池

根据市场需求，8—10 月，大口黑鲈长至 500~600 克时，捕大留小出池。

9. 后续养殖及管理

达不到商品规格的鱼继续进行养殖，当室外水温低于 12 ℃时将成鱼转至养殖车间或温棚养殖，根据市场价格在元旦或春节期间出售。

三、取得的成效

2021 年，基地大口黑鲈平均亩产量 1 167.27 千克，每千克价格 33 元，亩产值 3.85 万元，亩利润 9 030 元。总产值 2 118.6 万元，总利润 496.65 万元。形成了北方氯化型盐碱水大口黑鲈棚塘接力高效养殖技术，为北方地区淡水养殖调整结构、增加渔民收入做出了贡献。

四、经验启示

（1）目前，大口黑鲈苗种病害携带率较高，苗种购入时，应检疫合格，且不携带柱状黄杆菌、诺卡氏菌、溃疡症病毒、虹彩病毒、大口黑鲈蛙病毒、弹状病毒、细胞肿大病毒等病原微生物及寄生虫，这些病原一旦携带，治疗困难且效果不尽如人意，将对养殖生产造成极大影响。

（2）苗种培育阶段，上一年 12 月宜引进规格 6 厘米左右的鱼苗；成鱼养殖阶段，苗种的投放规格，宜达到 150 克以上。这样才能使大多数鱼类在 7 月达到 600 克以上的商品规格，才能取得较好的经济效益。

第五章 盐碱水南美白对虾绿色高效养殖技术模式

第一节 原理及要点

本技术模式适用于盐碱水南美白对虾（凡纳滨对虾）的绿色高效养殖，其他适合盐碱水养殖的虾类可参照执行。

一、池塘要求

池底平整，向排水口略倾斜，宜设中间排污口，布设水车式增氧机，使虾的残饵、粪便等及时排出。养虾池池深 2.0～3.5 米，水深 1.5～3.0 米，池水中可有适量水草。养鱼池和养虾池宜轮换养殖。

二、构建封闭循环水养殖系统

具备净化池（渠）的养殖单位，水先进入净化池（渠），用碘制剂消毒后，再进入养殖池，消毒剂毒性消失后施用有益活菌。不具备净化池（净化渠）的养殖户，可几个池塘一组，其中 20％～30％ 水面可作为养鱼池，其余池塘养虾。首次进水时，每个池塘都进水，用碘制剂消毒后，放苗种。养殖期间需要补水时，由鱼池水用碘制剂消毒后向虾池补水。鱼池水由外域水源补充后，用碘制剂消毒。虾池和虾池间水不能流通，进排水完全独立。

三、清淤除害

清除多余底泥，使底泥厚度在 15 厘米以下，清淤或收获排干池水后对池底翻耕 10～12 厘米、冰冻。春季用含氯生石灰清塘，全池泼洒，不留死角；发生过虾肝肠胞虫病的池塘，视有机质多少用 50～300 毫克/升含氯石灰消毒 1 天以上；经过暴晒后进水。

四、放苗前水的处理

水源水应经 80 目以上的筛绢过滤进池。可以施肥肥水，也可以不施肥肥水直接投喂；如果池水溶氧不低于 5 毫克/升，可不施肥。需要施肥的，应在检测水中的氨氮、亚硝酸盐氮、磷酸盐、浮游生物以后，决定施肥的种类和数量。可施用渔用复合肥料，施用畜禽粪肥的应避免畜禽的服药期，并彻底发酵消毒，施用时遵循少量多次的原则。施用畜禽粪肥时，宜同时施用光合细菌。

五、选苗放苗

应选择南美白对虾良种，包括 SPF 凡纳滨对虾、凡纳滨对虾"科海 1 号""中科 1 号""中兴 1 号""桂海 1 号""壬海 1 号""广泰 1 号""海兴农 2 号""兴海 1 号""正金阳 1 号""海兴农 3 号""渤海 1 号""海茂 1 号"，也可选择知名公司的选育品系虾苗。虾苗体长 1.0 厘米以上、大小均匀、活力强、摄食旺盛，同一池塘放养同一批培育的虾苗。水温稳定在 20℃ 以上，尽量避开频繁突变天气时段后放苗。

放苗前进行检疫及病害检测，检测内容应通过流行病调查结果确定，一般包括对虾白斑综合征病毒、偷死野田村病毒、传染性皮下及造血组织坏死病毒、虾虹彩病毒、急性肝胰腺坏死弧菌、虾肝肠胞虫。药残检测为阴性。有条件的地方，虾苗宜先行标粗。

六、虾苗的暂养

（一）暂养棚

每棚面积 1 亩左右，高不超过 3 米，保温、透光、可通风，具备顶部补水设施。

（二）茬口

4 月中旬放苗，5 月中旬转到外池养殖。6 月下旬标粗，7 月中旬转外池养殖。

（三）放苗

亩放养 0.6～0.8 厘米的虾苗 1 000 万尾以下。

（四）投喂

虾苗入池后应视浮游生物情况及时投喂。初始期可投喂虾片、卤幼等。鲜活饵料应病原检测呈阴性。人工配合饲料日投喂 6 次，日投饵量为虾苗体重的 10% 左右，定期检查饵料台，以 1 小时摄食完为准进行增减。

（五）出棚

培育时间不宜超过 30 天，出池前的 3～5 天，应将标粗池拱棚的塑料膜卷起，使标粗池水温与外池水温趋于一致。

七、放养模式

(一) 主养虾套养鱼

1. 放养方法和规格密度

先投放虾苗，后投放鱼苗。5月，水温稳定在20℃以上时，亩投放体长1厘米虾苗3万~6万尾，生长速度快的虾苗亩放养3万~4万尾；经标粗的虾苗亩放养2万尾以内。放苗前检测水质，pH为7.7~8.8、亚硝酸盐氮小于0.1毫克/升、氨氮小于0.2毫克/升、溶氧大于5毫克/升。

试苗：随机取100尾虾苗，用网箱试养在池塘中，网箱宜放置在池塘中部，距池底部1/3处，观察24小时，若存活率达100%，可正式放养。放养时运输袋水和池塘水盐度、温度一致后投放。

放养鱼类前，应对鱼类进行鱼病检查，不得带病入池，运鱼的活水车到达池边后，用碘制剂浸浴5~20分钟，其间观察鱼类动向，如鱼反应强烈可随时放入池内，放鱼时盛鱼水温应调至池水水温的温差2℃内。

2. 套养鱼种类规格及密度

（1）套养肉食性鱼类　待虾苗长至3~5厘米，可套养以下鱼类中的一种：

①石斑鱼类　规格宜400克/尾，密度宜300~750尾/公顷。

②虾虎鱼类　规格宜100克/尾以下，密度宜450尾/公顷。

③斑点叉尾鮰　规格宜100克/尾，密度宜300~750尾/公顷。

④黄颡鱼　规格宜7克/尾，密度宜1 500尾/公顷。

（2）套养杂食性鱼类　待虾苗长到3厘米以上，可套养以下鱼类：

①鲤　规格50~100克/尾，密度宜150尾/公顷；规格1 000克/尾，密度宜75尾/公顷。

②梭鱼　规格宜50克/尾，密度宜750尾/公顷。

③短盖巨脂鲤　规格宜250克/尾，密度宜2 250尾/公顷。

（3）套养草食性鱼类　虾苗投放20~30天后，投放草鱼。规格100克/尾，密度宜750尾/公顷；规格1 000克/尾，密度宜150尾/公顷。

（4）套养滤食性鱼类　盐度小于10的池塘，虾苗投放1个月，摄食颗粒饲料后，投放鲢鱼苗，规格宜250克/尾，密度宜450尾/公顷；鳙鱼苗，规格宜500克/尾，密度宜75尾/公顷。宜和其他鱼类一起套养，并可根据池水浮游生物情况调整放养密度。

(二) 主养鱼套养虾

1. 主养鱼苗放养虾

5月，水温稳定在20℃以上时，宜投放体长1厘米的虾苗，3×10^5~$6\times$

10^5 尾/公顷，盛苗池水的盐度和温度与放养池水基本一致，试苗成功后放养。6 月中旬投放鱼类夏花，投放的主养鱼为非滤食性鱼类，放养的密度和规格按鱼类苗种培育既定产量投放。投喂鱼类苗种饲料，虾苗不单独投喂。

2. 主养成鱼套养虾

原有养殖模式不变，先放鱼后放虾。放虾苗前，驯化鱼类上台摄食。放虾苗当天，在鱼类喂饱后再放，亩放 1 万尾左右，虾一般不单独投喂。

八、投饲与管理

主养虾池塘主要按虾类养殖进行生产管理，视池塘饵料生物多少开始投喂虾人工配合饲料，投喂率可在 2%～5%，日投喂 3～4 次，投喂的饲料以 0.5～1.5 小时吃完为宜，原则上时间越短越好，并依据天气、水质、虾健康状况适当增减。除草鱼外其他鱼类不单独投喂。8 月开始，搭设草料台投喂草鱼，先投喂草料，后投喂虾料。

60% 左右虾料应在 19：00—21：00 间投饵。天气、水质不好，蜕皮、虾病暴发应减少或停止投饵。除去天气原因，虾摄食突然加大或减少时，应进行病害诊断。

九、养殖水质

（一）总体要求

水质理化、生物指标良好，溶氧始终充足，水质保持相对稳定。

（二）水化学及浮游生物要求

溶氧 5 毫克/升以上，盐度 0～40，适宜范围 3～10。pH 为 7.4～9.0，适宜范围 8.2～8.6。亚硝酸盐氮宜 0.1 毫克/升以下；氨氮宜 0.2 毫克/升以下；浮游植物生物多样性好。

（三）离子含量及比例

1. 钙和镁

钙镁总量宜达到 600 毫克/升，钙镁离子比宜为 1：3 或 1：5。可同时泼洒氯化钙、氯化镁增加水中钙镁离子。泼洒前，宜用乳酸菌调节 pH 至 8.3 左右。pH 的调节，每次应不超过 0.5。

2. 钾和钠

钾离子的浓度范围宜为 100～200 毫克/升，钠钾比值宜在 40～50。

（四）碱度

宜保持在 $CaCO_3$ 100～200 毫克/升，降低碱度可采用池水充分曝气、提升光合作用、降低 pH 等办法。

十、有益菌水质调控技术

（1）应选择本地区池塘筛选出的有益菌。

（2）放苗前使用有益菌。

（3）在选择有益菌时，首先检测水质的理化指标，根据检测结果，选择相应的有益菌。氨氮含量高的选择光合细菌；降解有机质、降低 COD，选用芽孢杆菌；亚硝酸盐氮高的选择硝化细菌，pH 高的选择乳酸菌，化学因子适宜的池塘选择混合菌。

（4）是否使用有益菌，还取决于池塘浮游动物的数量，池塘浮游动物多时泼洒有益菌，可引发浮游动物大量繁殖，造成池塘缺氧和氨氮迅速上升。

（5）对于藻类大量繁殖且种类单一的池塘，在泼洒芽孢杆菌的同时，应配合泼洒含有活性钙、CaO、MgO、SiO_2 及生物活性物质的肥料。

（6）每 10～15 天定期补充有益细菌。

（7）有益菌只能用作预防，而不能处理突发水质或鱼虾病情况。

（8）在治疗鱼虾病时，泼洒完消毒制剂后，杀菌力趋于减弱时，泼洒有益菌。

（9）不可长期使用同一种活菌。

（10）内服的有益菌要注意该细菌能否在养殖水生动物的肠道内定植。

十一、病害防治

（一）总体预防措施

（1）建立封闭或半封闭养殖系统。

（2）鱼虾混养，每 7～10 天检查病害 1 次。在虾发病前（虾病原定量检测阳性但没有任何症状），采用药物预防，预防药物采用预防对虾白斑综合征和急性肝胰腺坏死症的中草药。

（3）合理投喂优质饲料，维护良好稳定的水质条件。

（4）控制虾体内及水环境中的致病病原，包括清除底泥、鱼虾轮养，定期泼洒有益活菌；控制肝胰腺细菌总数低于 10^6 CFU/克，弧菌数量低于 10^4 CFU/克；水体细菌量高于 10^5 CFU/克，弧菌数量低于 10^4 CFU/克。

（5）减少虾类的应激，包括保持水质适宜且稳定，雨季前泼洒防应激药物，如维生素 C 钠粉等；主养虾模式 6 月、7 月可在饲料中添加维生素 C 钠粉等免疫增强剂进行投喂。

（6）人为操作时应防止养殖动物受伤。

（7）出现虾小批量死亡时，下定置张网捕捞，捞出病虾弱虾，减少密度。

（8）阻止发病区车辆人员及宠物来往；工具应专池专用。工具在使用前后用碘制剂或氯制剂进行浸洗消毒。

(二) 防治方法

1. 病毒性疾病

包括对虾白斑综合征、传染性皮下及造血组织坏死病、偷死野田村病毒病、虾虹彩病毒病等。

对虾白斑综合征主要症状：病虾甲壳上有明显的圆形白色斑点，尤以头胸甲最明显，虾体发红，肝胰脏肿大、变白，壳不软，眼球没有反光，甲壳易剥离，血淋巴不凝固。

传染性皮下及造血组织坏死病毒病主要症状：矮小畸形为最明显病征；额角弯曲或变形，触角鞭毛变皱，虾体表面粗糙或变形；虾成长严重不均，畸形率和矮小率在30%～90%。

偷死野田村病毒病主要症状：肝胰腺萎缩、部分病虾肝胰腺发红或颜色变浅，甲壳发软，生长缓慢，腹节肌肉发白，持续性死亡，死亡率40%～80%，在池底死亡。

虾虹彩病毒病主要症状：活力较差，肝胰腺明显萎缩，肌肉发白，肠道发红、断裂，空肠空胃。多数病虾的鳃、步足及游泳足发黑。

预防方法：保持温度、盐度、pH 的相对稳定，保持氨氮、亚硝酸盐氮在较低水平。

治疗方法：内服氟苯尼考粉、中草药制剂（六味黄龙散＋银翘板蓝根散或虾康颗粒）、维生素 C 钠粉。用碘制剂全池泼洒，连用 2 次。泼洒消毒剂毒性消失后马上用有益活菌全池泼洒。

2. 细菌性疾病

主要为急性肝胰腺坏死症等。

症状：肝胰脏颜色变浅到接近透明，萎缩，呈软烂状。空肠空胃或肠内食物不连续，可出现白便。

预防方法：含氯石灰彻底清塘，使用无病原虾苗。定期使用有益细菌，饲料在 1 小时内摄食完，口服中草药抗菌药物。

治疗方法：泼洒过氧化氢溶液，根据药敏试验结果选择抗菌药物拌饲投喂。

3. 真菌病

主要为虾肝肠胞虫病。

症状：主要感染肝胰腺，可出现白便症状，可造成生长缓慢。

防治方法：①建造缓坡式养殖池，把饲料投喂在坡上。②上一年发生过虾肝肠胞虫病的池塘，水泥池用 2.5%氢氧化钠。泼池壁每 3 小时 2～3 次，冲刷池壁后，用 200 毫克/升含氯石灰冲刷，洗净。水体消毒用 30～100 毫克/升含氯石灰全池泼洒。③虾苗经 EHP 检测呈阴性。④投喂时，关闭底层微孔增氧系统，开启水车式增氧机，使料便分离，投喂 2 小时后，排出粪便。

第二节　典型案例

一、案例背景

天津滨海新区海通江洋水产养殖专业合作社成立于 2012 年，位于天津市滨海新区古林街汉港公路西侧。合作社成员 205 人，曾被评为市级优秀合作社，注册资金 1 500 万元，占地面积 2 030 亩。主要养殖品种为南美白对虾，注册集体商标"海通江洋"。基地分为养殖生产区、养殖尾水处理区和生产管理区。具备养殖池塘 1 450 亩，约 30 口池塘。具备虾类工厂化养殖车间 2 座，12 800 米²。工厂化繁育车间 1 座，4 000 米²。养殖大棚 5 个，面积 20 000 米²。具备水处理净化区 389 亩（包括沉淀池、曝气池、生物净化池、净化渠）。具备水质自动检控设备，可实现养殖池塘溶氧的精准控制。养殖尾水处理区可以有效地处理池塘排放的尾水，可实现循环利用或达标排放。在华北多类型盐碱水综合养殖模式构建与示范应用项目中示范推广盐碱水凡纳滨对虾绿色高效养殖技术。

二、主要做法

（一）构建封闭循环水养殖系统

基地构建了 2 个南美白对虾循环水养殖系统。

循环养殖系统 1：用于虾苗暂养的工厂化循环水养殖车间尾水经消毒后进入虾苗标粗大棚中，大棚的养殖尾水经消毒后进入室外南美白对虾养殖池后，再进入室外净化系统净化。该循环能实现工厂化车间内水温的最大利用，养殖尾水的营养物又可以作为室外养殖池塘的营养来源。循环养殖系统 1 见图 5-1。

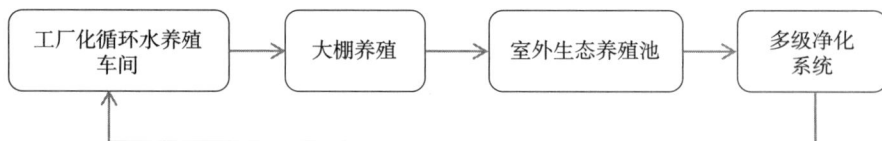

图 5-1　循环养殖系统 1

循环养殖系统 2：室外养殖池尾水进入排水渠，使颗粒物得到初步沉淀，部分氮磷被排水沟内的植物吸收，再进入"三池两坝"系统，包括沉淀池、氧化及微生物池、生物净化池。三池之间通过芦苇贝壳净水漫坝串联在一起，芦苇贝壳净水漫坝作为一个表流水处理设施，漫坝两侧为袋装的透水牡蛎壳，中间为芦苇，起到水质过滤净化和对水源补充钙离子的作用，氧化池通过增氧和微生物调控措施使有机物氧化分解，生物净化池中投放鲢鳙进行水质净化、用碘制剂消毒后进入进水渠，进水渠中放置植物净化浮床或种植芦苇对水质进一步净化，再进入养殖池塘或在雨季达标排放。虾池和虾池间水不能流通，进排水上宽 7 米、底宽 1 米、深 2 米，完全独立。净化系统面积占总水面的26.8%。循环养殖系统 2 见图 5-2。

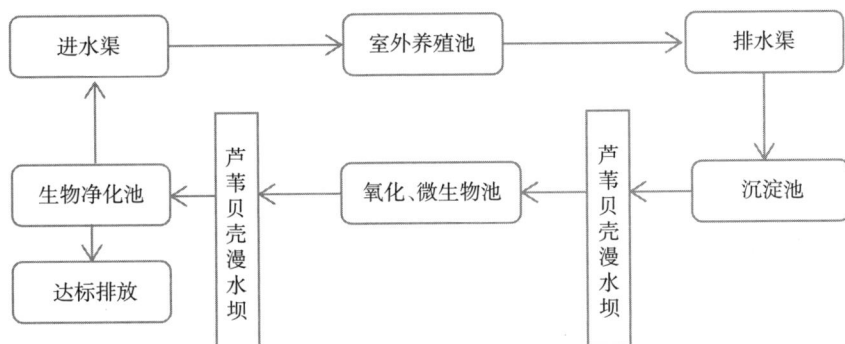

图 5-2　循环养殖系统 2

（二）虾苗的暂养

1. 暂养设施

基地建有工厂化繁育车间 1 座，4 000 米²，养殖大棚 5 个，共 20 000 米²。小于 1 厘米的幼苗在工厂化繁育车间培育，1 厘米以上的苗种在大棚里标粗。工厂化繁育车间配备微滤机、紫外消毒仪、供氧设备、生物过滤设施、温度调节等设备，单池面积 36 米²，池深 2 米。单个大棚面积 4 000 米²，高 2.5 米，保温、透光、可通风，具备顶部补水设施。

2. 茬口

工厂化养殖车间在 4 月初开始投苗，与大棚形成接力培育；大棚 4 月 20日放苗，5 月 6 日转到外池养殖。

3. 苗种选择及质量控制

2021 年、2022 年基地选择了凡纳滨对虾"科海 1 号""海兴农 2 号""普瑞莫""墨抗"作为养殖对象。放苗前进行检疫及病害检测，检测项目有对虾白斑综合征病毒、偷死野田村病毒、传染性皮下及造血组织坏死病毒、虾虹彩病毒、急性肝胰腺坏死弧菌、虾肝肠胞虫，检测结果均为阴性。药残检测为阴性。

4. 放苗

工厂化繁育车间每立方米水体投放南美白对虾幼体 10 万尾，大棚每亩放养虾苗 600 万尾。

5. 投喂

工厂化虾苗培育投喂配合饲料，配合饲料过筛后投喂，筛绢孔径从120微米向180微米过渡，每天投喂6次，每次每立方米水体投喂量6克左右。大棚标粗视浮游生物情况及时投喂。投喂人工配合饲料，日投喂6次，日投饵量为虾苗体重的10%左右，定期检查饵料台，以1小时摄食完为准进行增减。

6. 日常管理

工厂化车间幼体培育前期水温保持30℃，后逐渐降低；充气呈强沸腾状；光照强度2 000～20 000勒；每天检测水温、pH、盐度、溶氧、氨氮、亚硝酸盐氮，使pH保持在7.8～8.4、溶氧5毫克/升以上；通过泼洒光合细菌、EM菌，控制氨氮0.1毫克/升以下，亚硝酸盐氮0.1毫克/升以下；盐度根据虾苗来源处盐度逐渐下调；根据水质状况每天换水0～20%。

7. 大棚培育

工厂化苗种出池前，将水温逐渐降低到大棚水温，或直接用外购苗进入大棚培育。从4月20日开始到5月6日进行大棚第一批培育。饲料采用虾片，每天投喂6次，从每天亩投喂1.43千克开始，逐渐增加到2.57千克。培育水温在24～28℃，pH在8.8～9.0，溶氧维持在7～8毫克/升，透明度在15～35厘米，氨氮在0.2～0.6毫克/升，亚硝酸盐氮在0.1～0.2毫克/升。

（三）室外池养殖

1. 池塘条件

池底平整，向排水口略倾斜。单个池塘面积大多为20～50亩，平均池深2.5米，池塘底泥厚0.1米以下，池水水深2.5米左右，池水自然盐度3～5，池中留有适量芦苇，配备叶轮式增氧机，亩配备功率0.5千瓦左右。

2. 清淤除害

每年9月下旬至10月上旬收获后，排干池水，使池底冰冻、曝晒。4月开始，用含氯石灰清塘，全池泼洒，不留死角；发生过虾肝肠胞虫病的池塘，用100毫克/升含氯石灰消毒。

3. 放苗前水的处理

5月开始进水，水源水经80目以上的筛绢过滤进池。用碘制剂消毒，到放苗前1周内，每天观察浮游动物的数量，数量不足的泼洒光合细菌，培养浮游动物作为南美白对虾的前期生物饵料，待浮游动物较为充足时投放虾苗。放苗时根据水质情况采用光合细菌、乳酸菌、芽孢杆菌、EM菌调节好水化学指标，使溶氧量大于5毫克/升、pH 8.0～8.8、亚硝酸盐氮＜0.1毫克/升、氨氮＜0.2毫克/升，有益细菌采用本地区池塘筛选出的，在基地自行扩繁。

4. 放苗

放养虾苗体长1.0～4.0厘米，有经过自行标粗的虾苗，也有从育苗场购买直接放养的虾苗。放养的不同品种和大小虾苗的养殖池塘个数基本相同，以避免某种虾苗质量差对养殖造成的风险加大。投苗前进行试苗：随机取 100 尾虾苗，用网箱试养在池塘中，网箱放置在池塘中部，距池底部 1/3 处，观察24 小时，若存活率达 100%，则正式放养。放养时运输袋水和池塘水盐度、温度一致后投放。

5 月 12 日至 5 月 27 日放苗。1.0～1.4 厘米的虾苗，每亩放养 2.2 万～3.2 万尾；2.5～3.2 厘米的虾苗亩放养 1.8 万～3.0 万尾。待虾苗长至 3～5厘米，套养斑点叉尾鮰，每尾规格 100 克，亩放养 40 尾。

放鱼前，对鱼进行鱼病检查，确定为健康鱼种后投放，投放前用碘制剂浸浴 5～20 分钟，其间观察鱼类动向，如鱼反应强烈可随时放入池内，放鱼时盛鱼水温应调至池水水温的 ±2 ℃内。

5. 投饲与管理

每天观察池水中浮游动物数量，当浮游动物减少时，6 月初开始投喂虾人工配合饲料，投喂率在 2%～5%，日投喂 2～3 次，投喂的饲料以虾在 0.5～1.5 小时内吃完为准，并依据天气、水质、虾健康状况适当增减。斑点叉尾鮰不单独投喂。

60% 左右虾料在 19：00—21：00 间投饵。天气、水质不好，蜕皮、虾病暴发应减少或停止投饵。除去天气原因，虾摄食突然加大或减少时，进行病害诊断。

6. 养殖水质

（1）**总体要求**　水质理化、生物指标良好，溶氧始终充足，水质保持相对稳定。每 7 天左右用快速检测设备检测一次水化学指标，每半月至一个月用经典方法检测一次水质，针对养殖指标及时进行调整。

（2）**水化学及浮游生物**　养殖期间，控制水质达到溶氧 5 毫克/升以上、pH 为 8.0～9.0、氨氮 0.2 毫克/升以下、亚硝酸盐氮 0.1 毫克/升以下，浮游植物生物多样性好。溶氧不足时增氧机开机时间适当延长或补充新水。氨氮过高时泼洒光合细菌，亚硝酸盐氮过高时泼洒硝化细菌，pH 过高时泼洒乳酸菌；泼洒周期为 2～7 天。

（3）**金属离子调控**

①钙和镁　每半月至一个月检测池水钙镁离子量，要求钙镁总量达到 600毫克/升，钙镁离子比为 1：3 或 1：5。钙离子不足时，泼洒氯化钙，结合增氧，泼洒过氧化钙。泼洒前，用乳酸菌调节 pH。pH 的调节，每次不超过 0.5。

②钾和钠　钾离子的浓度范围要求 100～200 毫克/升，钠钾比值 40～50，采用氯化钾提高钾离子含量。

（4）碱度　要求 $CaCO_3$ 100～200 毫克/升，由于基地养殖水质碱度偏高，应将池水充分曝气，每2～3天泼洒乳酸菌一次以降低碱度。

（5）水质调节结果　见表5-1。

表 5-1　水质调节结果

日期	pH	盐度	氨氮（毫克/升）	亚硝酸盐氮（毫克/升）	总硬度（毫克/升）	钙离子（毫克/升）	总碱度（毫克/升）	钠离子（毫克/升）	钾离子（毫克/升）
5月10日	8.13	5.35	0.055	0.072	910.91	72.14	419.17	1 550.6	50.30
5月31日	9.09	5.67	0.047	0.561	920.92	20.04	412.91	1 646.0	53.80
6月24日	9.21	5.67	0.082	0.003	980.98	42.08	431.68	—	—
7月19日	9.14	5.61	0.005	0.003	919.92	48.10	412.91	—	—
8月12日	9.27	5.21	0.132	0.010	800.80	44.09	400.40	—	—
9月3日	8.79	5.28	0.037	0.082	780.78	56.11	419.17	1 636.44	56.48
9月22日	9.23	5.01	0.015	0.131	820.82	48.10	419.17	—	—

溶氧5～9毫克/升，pH在8.13～9.27；盐度稳定在5.01～5.67；氨氮在0.005～0.132毫克/升；亚硝酸盐氮在0.003～0.561毫克/升，除两次超过0.1毫克/升外，绝大多数均小于0.1毫克/升；总硬度在780.78～980.98毫克/升，钙离子在20.04～72.14毫克/升，除1次小于40毫克/升外，绝大部分均大于42毫克/升；钠离子1 550.6～1 646.0毫克/升；钾离子50.30～56.48毫克/升；总碱度400.40～431.68毫克/升。水质基本满足南美白对虾的正常生长需求。

7. 病害防治

（1）预防措施

①建立全封闭南美白对虾养殖系统。

②鱼虾混养，每7～10天检查病害1次。在虾发病前（虾病原定量检测阳性但没有任何症状），采用药物预防，预防药物采用预防对虾白斑综合征和急性肝胰腺坏死症的中草药。

③合理投喂优质饲料，维护良好稳定的水质条件。

④控制虾体内及水环境中的致病病原，包括清除底泥，虾和鲫、大口黑鲈轮养，每2～3天泼洒有益活菌。

⑤减少虾类的应激，包括保持水质适宜且稳定，雨季前泼洒防应激药物维生素C钠粉；6月、7月在饲料中添加维生素C钠粉进行投喂。

⑥人为操作时应防止南美白对虾及套养鱼类受伤。

⑦7月开始，有虾小批量死亡时，下定置张网捕捞，捞出病虾弱虾，减小

密度，部分池塘一直饲养到 10 月 4 日。

⑧阻止发病区车辆人员及宠物来往，工具专池专用；工具在使用前后用碘制剂进行浸洗消毒。

（2）控制措施　基地 7 月 20 日部分池塘虾出现白便，检测水质正常，浮游生物正常，采用碘制剂全池泼洒，内服黄芪多糖加维生素 C 钠粉加恩诺沙星粉（休药 500 度·日），白便现象得到有效控制。

三、取得的成效

2021 年，基地南美白对虾养殖亩产量 275 千克，亩产值 11 000 元，亩利润 5 680 元，总产值 1 595.0 万元，总利润 823.6 万元；2022 年，基地南美白对虾养殖亩产量 318.97 千克，亩产值 12 800 元，亩利润 7 218.6 元，总产值 1 850.0 万元，总利润 1 046.7 万元。建立了氯化型盐碱水南美白对虾绿色高效养殖模式，通过水质检测及调控、病害防治技术服务，辐射带动了周边养殖户一起养虾致富，起到了良好的示范作用。

四、经验启示

（1）养殖外源水引入基地时，应先进入净化池，用碘制剂或氯制剂等消毒后，再进入对虾养殖池。净化池中不应投放日本沼虾等虾蟹类作为净化生物。

（2）基地建有温棚或工厂化养殖车间的，宜自行标粗，大规格虾苗虾池，实现一年二茬养殖，增加单位面积的效益。

（3）6—7 月，发现有亚健康虾时，应下定置张网，把这类虾及时捕出。一是防止疾病蔓延，二是降低后期养殖密度，提高虾的出池规格。

第六章 盐碱池塘鱼蟹混养技术模式

第一节 原理及要点

本技术模式规定了鱼蟹混养的池塘条件、养殖前准备、苗种选择、放养、水质管理、饲养管理、病害防控、尾水调控和捕捞等方面技术。本技术模式适合盐碱水池塘鱼蟹混养。

一、池塘条件

池塘以长方形、东西向、面积在 10～15 亩为宜。坡度 1：（2～2.5），池埂坡面适当加宽。水深 1～2 米，且深浅不一为宜。一般四周浅、中间深，最好能有水深为 20～40 厘米的浅水区。池塘要求水源充足，水质清新无污染，进排水方便，池埂坚实不漏水，交通便利。

二、养殖前准备

（一）清塘消毒

精养池塘应每隔 3～5 年清淤一次，使淤泥厚度保持在 10～15 厘米，经充分冰冻和曝晒后，于养殖前 1 个月用含氯石灰全池消毒，上年发生过病害的池塘应采用消毒药物剂量的上限。

（二）注水

苗种放养前 7～10 天注入新水，注水口要加装 60 目滤网，避免野杂鱼及敌害生物进入。养殖初期水位可稍浅一些，一般控制在 1 米，到养殖中后期，水深控制在 1.5～2.0 米为宜。

（三）施肥

施发酵腐熟的有机肥 200～400 千克/亩，每天翻动，促使有机肥中的轮虫卵上浮，增加水体中的动物性饵料生物量。

（四）种植水草

蟹种放养前，要在池塘中栽植水草，如伊乐藻、苴草、轮叶黑藻等，种植面积占池塘面积的 50% 左右。

（五）设置防逃设施

池塘四周用塑料薄膜等材料设置防逃设施，上部高出地面 50～60 厘米，埋入土下 15～20 厘米并压实。外侧用木桩或绳子将防逃材料固定，接头处光滑不留缝隙。设施内留出 1～2 米的堤埂，利于防逃及日常管理。

（六）投放螺类

蟹种投放前，在池塘中投放一定数量的螺类，为河蟹提供喜食的鲜活饵料。一般每亩投放 200～300 千克，6 月和 8 月可分别补投一次。投放前应进行消毒。

三、苗种选择

（一）鱼种选择

一般投放夏花，选择混养鱼种时，要避免放养与河蟹争食和天敌的品种，常以鲢、鳙为主，也可搭配一定数量的鲫、团头鲂、草鱼及鳊等品种，但放养这些品种时要严格控制放养数量及规格（通常不超过放鱼总数的 20%），并按照河蟹的规格大小确定是否放养及放养的先后顺序，避免造成损失。放养大规格幼蟹的可适当放些草鱼、鳊；放养小规格幼蟹时，则不宜放养鱼。鱼蟹混养水域要彻底清除肉食性凶猛鱼类，也不可放养青鱼、鲤和罗非鱼。

也可投放大规格鱼种，当年即可长成上市。例如，放养规格为 200～300 克/尾的鲢、鳙，放养密度可保持在 80～100 尾/亩，其中鳙占 30%。

（二）蟹种选择

一般以养殖商品蟹为主，在选择蟹种时，要注意选择规格整齐、没有伤病、附肢健全、体质健壮、活力较强、没有性早熟、经检疫合格的良种扣蟹。

四、苗种放养

（一）鱼种放养

鱼蟹混养时，通常以养蟹为主，鱼种放养数量占 30%～40%，鱼的密度过高，会导致水质难以控制，影响河蟹生长。鱼种放养要先于放蟹，以内蒙古自治区为例，放养时间一般在 4 月末到 5 月初。放养前要用国标渔药碘制剂对鱼种进行消毒，下塘时水温差应控制在 2℃ 以内。

（二）蟹种放养

放养扣蟹规格以 100～140 只/千克为宜，放养密度一般在每亩 500～800 只。水温在 5～7 ℃时即可投放。放养前要先缓苗，即将扣蟹连同网袋一起放入水中浸泡 1～2 分钟，让其鳃内充分吸水，取出放置 1～2 分钟后再次浸水，如此反复 2～3 次，至其鳃内不冒泡沫为止。当扣蟹充分吸水后，用浓度 20～

30 克/升的食盐水浸洗消毒 5～10 分钟，将网袋打开，放在池塘沿岸，多点投放，让扣蟹自然爬入池内。以内蒙古自治区为例，放养扣蟹时间一般与放养鱼种时间相近，也为 4 月末到 5 月初。下塘时水温差应控制在 3℃以内。

五、水质管理

水质管理一般也以河蟹为主。一般要求 pH 在 7.5～8.9，养殖过程中要经常注入新水，保证水体透明度为 30～40 厘米；要适时开启增氧机，保证水中溶氧在 5 毫克/升以上。养殖初期水位可稍浅一些，随着气温的上升，到养殖中期需逐渐加入新水提高水位，每 5～7 天加水 1 次，每次加水 20 厘米。鱼种放养时，水深要保证在 1 米，至 6 月末逐渐加水至 1.8～2.0 米。7—8 月，每 7～10 天换水一次，换水量为池水总量的 30%。养殖后期，每 10 天加注新水一次。在河蟹蜕壳期间，要保持水位稳定，一般无需换水。

养殖期间，可适时使用本地池塘筛选扩繁的光合细菌、芽孢杆菌等调节水质，保证水质"肥、活、嫩、爽"。

六、投喂管理

投喂以河蟹为主，通常以"中间青、两头精"的方式进行。4—6 月和 9—10 月，动物性饵料要占总投饵量的 70%，7—8 月，以植物性饵料为主，少量搭配动物性饵料。投喂量一般在河蟹总重的 5%左右，每日投喂次数应不少于两次，通常在早晨和傍晚投喂，且早上的投饵量占日投饵总量的 30%，傍晚占 70%，以投喂后 2～3 小时吃完为宜。投喂应遵循"四定"原则，具体投喂量要根据天气、水温、水质及河蟹的生长情况灵活掌握。河蟹蜕壳期间，需在饵料中添加一些微量元素、蜕壳素及骨粉、鱼粉等，为河蟹补充钙质，促进其快速蜕壳生长。投饵时要呈条带状均匀投放在浅水区，投饵面积应占池塘面积的 30%以上。

鱼类投喂管理方面，套养鲢、鳙等滤食性鱼类及草食性鱼类时一般不投喂；套养杂食性鱼类时，可按照"四定"原则投喂一定的颗粒饲料，也可不投。投喂量视水温、水质、天气及鱼体规格的大小而定，天气晴朗、水质清新时可适当增加，天气阴雨、水质不佳时应适当减少。

七、病害防控

坚持早中晚各巡塘一次，观察养殖池中鱼与蟹的摄食及活动情况，特别要注意河蟹的蜕壳情况，有软壳蟹的池塘，可采取增投大块适口动物性饵料的方法予以保护。

日常管理时要注意保持池塘环境的安静舒适，不要过多地干扰河蟹的摄食与蜕壳过程，特别是在河蟹大批蜕壳期间，更要维护环境的稳定，投喂及打扫食场动作要轻，以提高蜕壳蟹的成活率。要做好管理记录，坚持预防为主，养殖期间可定期用保肝、增强免疫力的中草药药饵投喂，预防病害的发生。对于病死的鱼蟹要及时打捞清除，远离养殖场定点掩埋，做好消毒处理。鱼蟹混养使用药物时要注意两者兼顾，在幼蟹期及河蟹大量蜕壳时，要尽量避免使用药物，施用药物时，还要充分考虑 pH、温度等诸多因素，最好选用挂袋、挂篓和内服的方式。杀虫剂要谨慎使用。池塘鱼蟹混养常见病害如下：

（一）蟹烂肢病

症状：病蟹腹部及附肢腐烂、肛门红肿，摄食减少以至停止摄食，活动迟缓，终至无法蜕壳而死亡。

防治方法：泼洒生石灰，用量 15～20 毫克/升，每天一次，连续泼两次；氟苯尼考，拌饵投喂，用量每千克饲料 1～2 克，口服连用 3～5 天。

（二）蟹黑鳃病

症状：患病初期，病蟹部分鳃丝变暗褐色，随着病情恶化逐渐全部变为黑色。病蟹行动迟缓，呼吸困难，呈现"吸气"状。

危害对象：主要危害成蟹。

流行季节：常发生于成蟹养殖后期，流行季节为夏秋季。死亡率较高。

防治方法：保持池水清澈，夏季要经常加注新水。发病季节，定期使用微生态制剂等调节水质。发病时，可用溴氯海因 80～100 克/亩全池泼洒，隔日一次连用两次；或用 8% 二氧化氯 100～150 克/亩全池泼洒，连用两次。

（三）蟹肠炎病

症状：病蟹摄食不振、行动迟缓、体表清白；打开腹盖，轻压肛门，可见黄色黏液流出。

危害对象：主要发生在成蟹养殖中，一般发病率不高，但死亡率可达 30%～50%。

防治方法：定期采用克菌威拌饵料投喂，每 20 千克饲料拌药 100 克，每 15～20 天使用一次。发病时，可采用二氧化氯 80～100 克/亩全池泼洒，隔日一次，连用两次；也可内服氟尔康和克菌威各 100 克拌饵 20 千克投喂，连用 4～5 天。

（四）鱼烂鳃病

症状：病鱼鳃丝腐烂带有污泥，鳃盖骨的内表皮往往充血，中间部分的表皮常腐蚀成一个圆形不规则的透明小窗（俗称"开天窗"）。在显微镜下观察，病变区域的细胞组织呈现不同程度的腐烂、溃烂和"侵蚀性"出血。

流行季节：每年的 7—9 月。

防治方法：方法一，用生石灰彻底清塘消毒，用漂白粉在食场挂篓，连续挂 3 天。方法二，用二氧化氯全塘消毒 200～250 克/（亩·米）；每千克鱼体重拌饵投喂 10～15 毫克氟苯尼考（按 5％投饵量计，每千克饲料用氟苯尼考 0.2～0.3 克），一日 1 次，连用 3～5 天。

（五）鱼竖鳞病

症状：病鱼体表粗糙，部分鳞片外张呈松球状，鳞基部水肿，内部积聚半透明或含血色渗出液。烂鳍，鳍条基部充血，腹部膨大，眼球突出。病鱼游动迟缓，呼吸困难，腹部向上，持续 2～3 天后死亡。

流行季节：每年春季流行。

防治方法：日常可用二氯海因或溴氯海因预防，全池泼洒，一次量为 0.2～0.3 克/米^3，每 15 天 1 次。发病时可选用磺胺二甲氧嘧啶等药物拌料投喂。

八、尾水处理

养殖的过程中可以通过种植水草等原位处理方式或"一池一渠"等异位处理模式对尾水进行处理，以保障池塘尾水达标排放或循环利用。

九、养成收获

河蟹捕捞时间一般在 9 月末至 10 月初，温度高的地区可延长至 11 月，各地可根据当地的实际情况进行调整。通常采用灯光诱捕、地笼张捕等多种方法进行人工抓捕，注意不能设簖捕捉，也不能干池捕蟹，收获的河蟹即可直接上市。养成的冬片鱼种可移入越冬池或加深池水继续养殖。若混养成鱼，则可捕捞上市。

常用的河蟹捕捞方法：

（1）地笼捕捞法　该捕捞方法是目前捕捞河蟹的最有效的方法。将地笼张于河蟹经常活动的地方及洄游通道上，拦截其活动路线，当河蟹钻入后，只能向一个方向爬行，最后达到网兜部，解开笼口即可将蟹倒出。这样捕捉到的河蟹，肢体齐全，无损无伤，商品价值高。地笼可在第一天晚上布设，第二天清晨起捕。在水温适宜时，由于河蟹还在摄食，可以在地笼中放入诱饵，引诱河蟹入内，这样可以获得更好的捕捞效果。

（2）灯光埋缸诱捕法　河蟹有较强的趋光性，晚上可以采用灯光诱捕。在河蟹经常爬行的岸边，埋设若干口水缸，直径 60 厘米、深 80 厘米左右。缸内不放水，挖坑埋缸，使缸口与地面齐平，在缸的上方放置一盏灯，河蟹上岸活动时掉进缸内，即可定期收捕。

（3）徒手捕捉法　根据成蟹秋季生殖洄游的习性，在每年 10 月前后，河蟹会大量上岸活动，寻找洄游通道，这时可以用手直接捕捉。捕捉时，用食指和大拇指紧扣河蟹背壳两侧，使其双螯无法施展，如此既可以避免手被夹伤，又可以避免蟹体受伤。最好带上防护手套，保证安全。这种捕捉方法捕蟹数量一般不多。大量起捕时，还需选择地笼及灯光诱捕的方式。

以上几种起捕方法可因地制宜、综合使用，以达到省时、省力、快速、彻底的效果。

第二节　典型案例

一、案例背景

内蒙古自治区巴彦淖尔市乌拉特前旗盐碱水资源丰富，盐碱水质以氯化物类为主。近些年来，通过升级改造池塘、引进种植伊乐藻等耐低盐碱的水生植物、增加优质饲料投喂、重视水质生态调控等技术措施，在河蟹养殖方面取得了成功，实现了养殖规格、养殖产量和养殖效益上的较大突破，养殖面积不断加大，对当地河蟹养殖业发展起到了巨大的引领和推动作用。

本案例实施地乌拉特前旗新安福源海农贸养殖专业合作社成立于2016年，主营淡水水产品养殖及销售、农作物种植，水产养殖总占地面积为2 600亩。合作社位于总排扬水站、八排扬水站、通济渠的乌梁素海入海交汇处，交通便利，水源充足，发展水产养殖业条件得天独厚，是集养殖、旅游、观光于一体的健康养殖示范区。近年来，该合作社有针对性地发展盐碱地渔农综合利用、稻渔综合种养、苇田养蟹、盐碱地池塘生态健康养殖等，科学合理利用盐碱地资源发展以河蟹养殖为主，以鲤、鲢、鳙、草鱼等常规养殖品种为辅的水产养殖经营模式，并引进南美白对虾、匙吻鲟、黄金鲫、锦鲤等水产优异品种开展试验示范。2021年，该合作社被全国水产技术推广总站认定为全国水产绿色健康养殖技术推广"五大行动"骨干基地；2022年，实施"河套地区盐碱水河蟹健康养殖技术"取得成果获评巴彦淖尔市农牧业重点推荐科技成果，同年被评为自治区"水产养殖新品种、新技术示范基地"。

二、主要做法

（一）池塘条件

养殖池塘为长方形标准池塘，坡度1：（2～2.5）；水深为1～1.5米，池底深浅不一，设有20～40厘米的浅水区。养殖池塘每3年清淤一次，淤泥厚度保持在10～15厘米，经充分冰冻、自然风干、翻耕和曝晒后，于养殖前1个月对池塘进行消毒。苗种放养前7～10天加注适量新水，施基肥、移栽水草后，再放养扣蟹进行养殖。

（二）种植水草

蟹种放养前，在池塘底部移栽耐低盐度的沉性水草，如伊乐藻等。由于盐碱地池塘地质营养和透气性均较差，水草活力相较于淡水池塘偏低，故水草种植水量应更多，种植面积占池塘面积的 50% 左右。

（三）防逃设施

在池塘外围设置河蟹防逃设施，防逃墙材料采用塑料薄膜，每隔约 50 厘米用木桩或绳子竖直固定塑料薄膜，使其向内侧稍有倾斜，其地上部分高 50 厘米，地下埋入部分深 20 厘米，接头处光滑不留缝隙，拐角处形成弧形。设施内留出 1.5 米的堤埂，便于防逃及日常管理（彩图 7）。

（四）投放螺类

蟹种投放前，向池塘中投放已经消毒好的螺类，投放量为每亩 250 千克左右，于 6 月和 8 月分别补投一次，可为河蟹提供鲜活饵料。

（五）养殖品种

养殖模式为盐碱池塘鱼蟹混养，品种以河蟹为主，配养适量的匙吻鲟。

（六）苗种规格与放养

扣蟹放养时间为 5 月上旬，放养规格为 160 只/千克左右；扣蟹要求规格整齐、没有伤病、附肢健全、体质健壮、活力较强、性腺未发育成熟，严禁大小混杂、参差不齐；放养密度为每亩 800 只（彩图 8）。匙吻鲟放养时间为 5 月中旬，放养规格为 10~15 厘米；放养密度为每亩 35 尾。

（七）水质管理

养殖过程中应保持水质清爽，水体透明度保持在 30~40 厘米；为降低因土壤渗透作用等因素增加的养殖水体盐度，要经常注入新水，pH 保持在 7.5~8.9，水中溶氧保持在 5 毫克/升以上。在河蟹蜕壳期间，保持水位稳定，一般无需换水，避免水体 pH 大幅变化危及河蟹的安全。养殖过程中，可适时使用本地池塘定向培养小球藻、硅藻调节水质，筛选扩繁的光合细菌、芽孢杆菌等进行微生物改底。

（八）投喂管理

投喂以河蟹为主，动物性饵料和植物性饵料搭配喂养。每日清晨傍晚各投喂 1 次，早晨的投饵量占日投饵总量的 30%，傍晚占 70%，投喂量为河蟹总重的 5% 左右，以投喂后 2~3 小时吃完为宜，具体投喂量视天气、水温、水质、蜕壳、残饵及摄食情况灵活掌握。河蟹蜕壳期间，在饵料中添加一些微量元素、蜕壳素及骨粉、鱼粉等，为河蟹补充钙质，促进其快速蜕壳生长，同时增加动物性饵料的投喂量，动物性饵料投喂比例占投饵总量的 50% 以上，投喂的饵料要新鲜适口，投饵量要足，以避免捕食软壳蟹。禁止在蜕壳区投放饵料。

匙吻鲟为滤食性鱼类，食性类似中国的鳙，以摄食池塘中的浮游动物为饵料，故养殖过程中只需根据实际情况额外投喂少量膨化饲料即可。此外，合理利用黑光灯诱虫可为鱼、蟹提供天然饵料，节本增效。

（九）防病措施

放养前，应彻底干塘、晒塘和消毒；积极预防和清除有害丝状水藻；保持池水清澈，夏季要经常加注新水，发病季节定期使用微生态制剂等调节水质；及时捞出池塘中衰老或死亡的水草，预防池塘底部缺氧或 pH 过高。

（十）日常管理

坚持每日早、中、晚各巡塘一次，观察水色水位状况、水草生长情况、防逃设施情况、河蟹和匙吻鲟摄食活动情况，以及特别要注意河蟹的蜕壳情况，发现异常情况及时向技术人员反映，并采取相应措施。下雨或加水时严防幼蟹顶水逃逸。适时施肥和采割水草。要做好管理记录，坚持预防为主。及时打捞清除病死的鱼蟹，做好消毒处理。鱼蟹混养使用药物时要两者兼顾，杀虫剂要谨慎使用。坚持绿色生态养殖，不使用水产养殖禁用药。

（十一）养殖结果

盐碱池塘鱼蟹混养当年收获情况如表 6-1 所示。

表 6-1　盐碱池塘鱼蟹混养养殖情况统计

品种	总产量（千克）	亩产量（千克）	个体均重（克）
河蟹	1 650	33	75.71
匙吻鲟	980	19.6	933.33

三、取得的成效

（一）经济效益

本案例示范养殖面积为 50 亩，折合养殖亩产量 52.6 千克。其中，河蟹 33 千克，匙吻鲟 19.6 千克；河蟹平均规格 75.71 克/只，匙吻鲟平均规格 933.33 克/尾。商品蟹和匙吻鲟平均售价分别以 100 元/千克和 120 元/千克计算，亩产值可达 5 652 元。

扣蟹和匙吻鲟鱼种购入价分别以 100 元/千克和 2 元/尾计，则苗种成本为 570 元，亩饲料药物等投入以 750 元/亩计，水电及其他费用 300 元/亩计，亩总支出为 1 620 元，亩纯利润 4 032 元。盐碱池塘鱼蟹混养技术模式直接经济效益情况详见表 6-2。盐碱池塘鱼蟹混养技术模式养殖示范，能起到保障河蟹稳产、促进匙吻鲟增产的作用，经济效益显著。

表6-2　盐碱池塘鱼蟹混养技术模式直接经济效益核算

项目	成本（元）	项目	收益（元）
扣蟹	25 000	河蟹	165 000
匙吻鲟	3 500	匙吻鲟	117 600
饲料及药物	37 500		
水电及其他费用	15 000		
合计	81 000	合计	282 600

（二）生态效益

本实例在盐碱地区建池塘开展水产养殖，有效增加了盐碱地土壤的肥力，对实施地的盐碱水土治理改良效果显著。同时，通过对池塘升级改造及对养殖环境绿化亮化，将荒漠的盐碱土地建设成为景观优美的生态养殖区。另外，连片池塘池水蒸发可增加空气湿度，因此对局域气候有一定的调节和改善作用。

（三）社会效益

内蒙古盐碱地地区农民收入普遍偏低，充分利用盐碱地和盐碱水资源发展渔业生产，既能改良水质和盐碱地土壤土质，又能有效带动当地老百姓创业、就业，更能增加就业岗位，促进渔民增收。盐碱池塘鱼蟹混养技术模式显著增加了内蒙古地区优质水产品的供给，丰富了城乡居民的"菜篮子"，成为本地区优化渔业结构的新亮点，对推进渔业高质量发展、实施乡村振兴具有重要战略意义。

四、经验启示

选择合适的混养品种是盐碱池塘鱼蟹混养技术模式的关键一步。匙吻鲟作为优质的混养品种，摄食浮游动物为饵料，肉质细嫩，味道鲜美，多年来价格一直维持较高水平，且消费量逐年增加，在内蒙古地区具有广阔的市场前景。匙吻鲟养殖当年可以长到0.7~1千克，两年重2~3千克。在不影响河蟹养殖的情况下，只需投放少量匙吻鲟苗种及膨化饲料，虽然增加少量成本，每亩却可额外增收匙吻鲟19.6千克，亩产值2 352元，一定程度上提高了养殖户的综合养殖效益，有效帮助养殖户抵御单一品种养殖带来的市场风险，是值得推广的盐碱池塘生态养殖模式。

第七章 盐碱水池塘南美白对虾套养梭鱼技术模式

第一节 原理及要点

一、技术概述

本技术模式规定了盐碱水池塘南美白对虾套养梭鱼的环境条件、水质要求、苗种放养、水质管理、投喂技术、病害防控、养成收获等技术，适用于滨海地区盐碱地池塘养殖。

近年来，盐碱地开发利用进行渔业养殖生产取得了较好成绩，河北省沧州市盐碱地养殖面积近6万亩，形成多品种、多模式的养殖格局。针对河北省盐碱水域以往养殖模式单一、养殖品种经济价值和单位水域综合利用率低、内陆水域离子失衡且水质变数多等问题，在沧州市构建综合养殖新模式，集成养殖和示范水质调控技术，通过示范基地和示范点的示范带动作用，实现渔农增效和水域的高效利用，达到产业增效渔民增收的目的。

南美白对虾池塘套养梭鱼技术模式是在对虾单养的基础上套养少量梭鱼，只投喂对虾，不给梭鱼投料，不额外增加管理成本，在对虾产量不受影响或略有减少的情况下增加梭鱼产量，达到增加效益的目的。集成示范的虾鱼综合养殖技术使得盐碱地养殖品种更加丰富，混养以南美白对虾为主，通过少量混养梭鱼，有助于减少虾病的传播；通过摄食不同水层、不同类型的天然饵料生物，有助于养殖池塘的生态改造，同时可以提高池塘的整体经济效益。盐碱地采用虾鱼套养对于病害防控有一定效果，是一种生态防病新型养殖模式，总体经济效益和综合效益明显提升。

二、技术要点

（一）环境条件

1. 场址选择

场址选择在生态环境良好、不受工业"三废"及农业、城镇生活医疗废弃物污染的地域，水源上游没有对养殖区域形成威胁的污染源、水质符合 GB 11607—1989 的规定。

2. 池塘条件

(1) 面积与水深　面积 0.35～1.33 公顷，水深宜为 1.5～2.0 米。

(2) 池型与坡比　池塘宜为长方形，长宽比为 5∶3 到 3∶1。池埂坡比在 1∶2.5 到 1∶2.0。

(3) 底质　池底平整，淤泥深度应小于 20 厘米。

(4) 进、排水系统　池塘应有独立的进、排水系统。进、排水口设有闸门，单独控制每口池塘水位。进水渠设在鱼池常年水位线以上，排水渠应低于池底，并设有防逃设施。

(5) 增氧机、投饵机配备齐全　配备底部增氧设备或按每亩 0.1～0.2 千瓦配备增氧机。

3. 水质要求

(1) 水源水质符合《渔业水质标准》(GB 11607—1989)。

(2) 池塘水质。通过使用物理、化学、生物等方式调节养殖用水各项指标，养殖用水应符合《盐碱水对虾养殖水质调控技术规范》(DB13/T 2409—2016) 的规定。透明度 20～30 厘米，pH 7.5～9.0，溶氧不低于 4 毫克/升，矿化度小于 10 克/升。

(二)苗种放养

(1) 放苗前准备　4 月底，清塘，池底进行清淤。使用生石灰、漂白粉或相关消毒剂对水体进行消毒。

(2) 对虾苗种　南美白对虾苗种选择良种场、原种场或具有水产苗种生产许可证的生产场家。苗种经过 7 天以上淡化，健壮活泼、大小均匀、体表干净、肌肉充实、肠道饱满、对外界刺激反应灵敏、游泳时有明显方向性（不打圈）、躯体透明度大、全身无病灶（附肢完整、大触鞭不发红、鳃不变黑）等。苗种质量符合 SC/T 2068—2015 规定。

(3) 梭鱼苗种　采自沿海海域自然苗种经过淡化或原良种场生产的苗种。

(4) 放养密度和时间　见表 7-1。

表 7-1　盐碱地池塘南美白对虾套养梭鱼放养密度和时间

放养品种	放养时间	混养比例（%）	放养规格	放养尾数（尾/亩）
南美白对虾	5 月初	99.66	2 万～6 万尾/千克	3.5 万
梭鱼	6 月中旬	0.34	33～38 克/尾	120

(三)水质管理

(1) 水深控制　鱼种投放前将池水深保持在 0.7 米左右，鱼种投放后每周加注新水 20 厘米左右，直至池水深度达 1.5 米以上。

（2）池塘环境因子控制 南美白对虾和梭鱼均对溶氧有较高要求，南美白对虾应大于 4 毫克/升，梭鱼保持 5.1～8.4 毫克/升，池塘溶氧要求大于 5 毫克/升。

（3）底质改良 养殖中后期，应定期抛洒生物改良型和氧化剂型底质改良剂消除池底隐患。

（4）加注新水 高温季节池塘宜 3～5 天加注 3～5 厘米新水。

（四）投喂技术

（1）投喂模式 该模式只投喂对虾，梭鱼不投喂饵料。

（2）饲料质量 配合饲料符合 NY 5072—2002 的规定。

（3）投喂量 日投饵率为虾体重 3%～8%。应根据水温、天气、生理阶段、水质指标等因素随时做出调整。每次投喂量掌握在投放苗种的前 50 天，以 1.5 小时吃完为好，50 天后以 1 小时吃完为好。根据摄食情况予以调整下次投喂量。

（4）投喂时间 饲料日投喂次数 4 次。日出前和日落后为对虾较活跃时段，傍晚和早上投饲量占日投饲量 60%～70%。投喂时停开增氧机。

（5）投喂位置 苗种放养后第 15 天在池塘两头及中间位置放置 3 个饲料盘，先在饲料盘放 2 把饲料，再在四周近岸区均匀投放；随着苗种的生长和水温升高，逐步移向较深水域。

（五）病害防控

重视水质的净化和改良，采取"以防为主，防重于治"的方针。虾苗采用无特定病原体携带的健康苗种。日常管理加强巡塘，发现有缺氧浮头迹象立即开动增氧机增氧。

盐碱水中小三毛金藻毒副作用明显。加强对病害的防治，有目的、合理和有效地使用药物，达到防止小三毛金藻的发生，并减少其他病害的发生。用药按 NY 5071—2002 的规定执行。

（六）养成收获

对虾达到商品规格即可出池。梭鱼也可出池或留塘越冬。

第二节 典型案例

一、案例背景

河北省沧州市地处渤海之滨，有着大片的盐碱地，共有盐碱荒地 320 余万亩，占耕地总面积的 33.6%。由于盐碱地表层盐碱，地下水苦咸，难以进行农作物种植和栽培，长期荒芜闲置。在这种背景下，沧州市提出了全面开发盐碱地的思路并取得成功。沧州盐碱地渔业开发总面积达到 6 万亩。

开发利用盐碱荒地和浅层咸水进行水产养殖，不仅为消费者提供了优质蛋白，还拓宽了渔业发展空间，对实现保粮、增渔、增效，促进农业经济持续健康发展具有重要意义。针对河北省盐碱水域以往养殖模式单一、养殖品种经济价值和单位水域综合利用率低、内陆水域离子失衡且水质变数多等问题，2021—2022 年在沧州市开展了南美白对虾池塘梭鱼套养技术模式示范。核心示范基地为沧州黄骅市树棵淡水养殖专业合作社，位于黄骅市黄骅镇冲寺口村，水面面积 1 000 亩，其中的 300 亩用于"南美白对虾池塘梭鱼套养技术"试验示范。

南美白对虾套养梭鱼技术模式，一是解决了盐碱水养殖模式单一问题，二是解决了养殖品种经济价值和单位水域综合利用率低问题，三是提高了渔业经济效益和社会效益。通过示范基地的示范带动作用，实现渔农增效和水域的高效利用，达到产业增效渔民增收的目的。

二、主要做法

（一）主要技术

南美白对虾池塘套养梭鱼技术模式以南美白对虾养殖为主，通过套养梭鱼减少虾病的传播，通过养殖对象摄食不同水层、不同类型的天然饵料生物，有助于养殖池塘的生态改造，同时可以提高池塘的整体经济效益。该技术模式是在对虾单养的基础上套养少量梭鱼，只投喂对虾，不给梭鱼投料，不额外增加管理成本，在对虾产量不受影响或略有减少的情况下增加梭鱼产量，达到增加效益的目的。

（二）养殖管理

1. 池塘条件

池塘形状规整，水深 1.8 米左右；共 6 个池塘，约 80 亩的池塘 2 个，约 50 亩池塘 2 个，20 亩池塘 2 个。池水盐度为 5～8。增氧机、投饵机配备齐全。池塘有独立的进、排水系统。进、排水口设有闸门，单独控制每口池塘水位。进水渠设在鱼池常年水位线以上，排水渠低于池底，并设有防逃设施。每亩 0.1～0.2 千瓦配备增氧机。

2. 放苗前准备

4 月底清塘，池底进行清淤，使用生石灰、漂白粉或相关消毒剂对水体进行消毒，做好放养前准备。

放虾苗前进行水质检测，盐碱水主要离子含量检测包括 Na^+、K^+、Ca^{2+}、Mg^{2+}、Cl^-、SO_4^{2-}、总碱度、离子总量。通过使用物理、化学、生物等方式调节养殖用水各项指标，使水质符合 GB 11607—1989 和 NY 5052—

2001 的规定。

3. 养殖管理

南美白对虾苗种来自良种场、原种场或具有水产苗种生产许可证的生产厂家。苗种经过 7 天以上淡化、健壮活泼、大小均匀、体表干净、肌肉充实、肠道饱满、对外界刺激反应灵敏、游泳时有明显方向性（不打圈）、躯体透明度大、全身无病灶（附肢完整、大触鞭不发红、鳃不变黑）等。苗种质量符合 SC/T 2068—2015 规定。梭鱼采自沿海海域自然苗种经过淡化或原良种场生产的苗种。

虾苗温棚暂养；5 月 15—20 日，虾苗苗种入塘，每亩 3.5 万尾（规格小于 1 万尾/斤）；6 月 10—20 日，投放梭鱼苗，规格 26～30 尾/千克，每亩 120 尾。

定时测量池水溶氧、pH、氨氮等指标。水质理化、生物指标良好，溶氧保持充足，水质保持相对稳定。南美白对虾和梭鱼均对溶氧有较高要求，南美白对虾应大于 4 毫克/升，梭鱼保持 5.1～8.4 毫克/升，池塘溶氧要求大于 5 毫克/升。

投喂含蛋白 42% 的凡纳滨对虾专用饲料，日投饵率为虾体重 3%～8%，应根据水温、天气、生理阶段、水质指标等因素随时做出调整。饲料日投喂次数 4 次。傍晚和早上投饲量占日投饲量 70%。投饲 1～2 小时后观察残饵情况。前期水深保持在 0.7 米左右，逐步加深至 1.5 米以上，养殖中后期视水质情况使用微生态制剂。

对于养殖过程中的病害防治，重视水质的净化和改良，采取"以防为主，防重于治"的方针。虾苗采用无特定病原体携带的健康苗种。养殖池塘以南美白对虾为主，通过混养少量梭鱼，有助于减少虾病的传播。日常管理加强巡塘，发现有缺氧浮头迹象立即开动增氧机增氧。

4. 养成收获

从 8 月南美白对虾 60～70 尾/千克时开始起捕上市。梭鱼可出池或留塘越冬（彩图 9）。

三、取得的成效

（一）经济效益

河北省沧州黄骅市树桎淡水养殖专业合作社于 2021—2022 年，集成鱼种放养、品种搭配、养殖技术应用、水质调控、疫病防控等，建立了盐碱水南美白对虾池塘套养梭鱼技术养殖新模式。两年来，沧州市示范区养殖效益较项目实施前相比经济效益提高 20% 以上。

2021 年，试验示范规模 300 亩，亩产 317.6 千克，其中对虾 256.6 千克、梭鱼 61 千克（彩图 10）。对虾规格每千克 70 尾左右，售价每千克 50.0 元；梭鱼尾重 500 克左右，售价每千克 13.0 元。亩产值达到 13 623 元，其中对虾亩产值 12 830 元、梭鱼亩产值 793 元。总产量 95.28 吨，亩效益 3 130 元（表 7-2）。

表 7-2　2021 年黄骅市树桼淡水养殖专业合作社凡纳滨对虾池塘梭鱼套养生产情况统计

示范面积（亩）	总产量（吨）	亩产量（千克）	总产值（万元）	亩产值（元）	总效益（万元）	亩效益（元）	总成本（万元）	亩成本（元）
300	95.28	317.6	394.5	13 150	93.9	3 130	300.6	10 020

2022 年度，南美白对虾池塘梭鱼套养技术模式，梭鱼亩产达到 74 千克，南美白对虾亩产 274 千克，亩效益 3 720 元。新增产量 27.9 吨，新增产值 124.32 万元，新增效益 56.7 万元。总效益是 2019—2021 年平均值的 2.03 倍（表 7-3）。

表 7-3　黄骅市树桼淡水养殖专业合作社南美白对虾池塘梭鱼套养技术模式统计

年度	示范面积（亩）	品种	总产量（吨）	亩产量（千克）	总产值（万元）	亩产值（元）	总效益（万元）	亩效益（元）	总成本（万元）	亩成本（元）	新增产量（吨）	新增产值（万元）	新增效益（万元）
2019—2022 年	300	南美白对虾	60.6	202	242.4	8 080	—	—	—	—	—	—	—
		梭鱼	15.9	53	31.8	1 060	—	—	—	—	—	—	—
		合计	76.5	255	274.2	9 140	54.9	1 830	219.3	7 310	—	—	—
2022 年	300	南美白对虾	82.2	274	345.24	11 508	—	—	—	—	21.6	72	
		梭鱼	22.2	74	53.28	1 776	—	—	—	—	6.3	21	
		合计	104.4	348	398.52	13 284	111.6	3 720	286.92	9 564	27.9	93	56.7

（二）社会效益

项目实施前合作社就业人数 8 人，2021 年就业人数 13 人，年人均收入增加了 2 700 元，收入增加 11%。核心示范基地培训技术人员 92 人次，示范点辐射带动就业人数 100 人。

四、经验启示

（1）在南美白对虾与梭鱼混养过程中，梭鱼数量不能过多，否则会与对虾抢食，这样不仅影响对虾生长，而且还会造成饵料系数上升，生产成本增加；养殖期间尽量少换水，定期使用生物制剂等调节水质，这样既保持池塘水质的稳定，又减少对外界水环境的污染，实现了生态养殖。

（2）在养殖管理中，平时尽量不用药或少用药，以使用生物活水素与生物制剂为主。通过使用光合细菌、芽孢杆菌、硝化细菌、反硝化细菌等多种生物菌体能迅速调节养殖水质，降解养殖水体中的氨氮、亚硝酸盐，消除硫化氢净化水质，能够有效分解残饵、鱼虾排泄物，絮凝沉降，改善水质，通过菌相的繁殖，促进水体单胞藻等活性饵料的产生，从而提高鱼、虾、蟹等水产动物的质量和成活率，增强抗病免疫力，降低养殖成本，提高经济效益。

（3）虾苗选择最有效的办法是抗离水试验：从育苗池随机取出若干尾虾苗，用拧干的湿毛巾将其包埋10分钟取出放回原池，如虾苗存活则是优质虾苗，否则是劣质虾苗。放养时用生物蛭弧菌浸泡10～15分钟。鱼种选择体质健壮、无伤无病、体色鲜亮、肥满度高的个体。

（4）集成示范的虾鱼综合养殖技术使得盐碱地养殖品种更加丰富，混养以南美白对虾为主，通过少量混养梭鱼，有助于减少虾病的传播；通过养殖对象摄食不同水层、不同类型的天然饵料生物，有助于养殖池塘的生态改造，同时可以提高池塘的整体经济效益。盐碱地采用虾鱼套养对于病害防控有一定效果，是一种生态防病新型养殖模式。

（5）建议开展测水养殖。检测池水理化因子，摸清离子构成、浓度及占比，通过调整离子构成及占比，条件核实后方可开展养殖。不可盲目投放苗种，以免造成不必要的损失。

（6）适宜开展多品种混养的水产养殖模式，如虾-鱼、虾-蟹、不同鱼类混养的生态养殖。开展新品种、新模式水产养殖试验示范，不断探索盐碱地开发利用新方法、新途径。

（7）加强盐碱地基础研究，摸清盐碱地基本类型、理化因子等基础指标，为盐碱地水产养殖提供一手资料。

第八章 洗盐排碱水南美白对虾池塘养殖技术模式

第一节 原理及要点

一、技术概述

本技术模式阐述了滨海型盐碱地池塘利用洗盐排碱水养殖南美白对虾的池塘条件、水质要求、苗种放养及饲养管理等，适用于唐山市滨海型盐碱地池塘南美白对虾养殖，不包括海水和卤水池塘养殖。

唐山市十分重视盐碱地的开发利用，"宜稻则稻、宜渔则渔"，因地制宜，盐碱地开发利用与农民增产增收、乡村振兴紧密结合起来，实现盐碱地水产养殖高质量发展。盐碱地大宗淡水鱼绿色高效养殖、南美白对虾池塘高效养殖、盐碱地稻蟹综合种养等模式是目前唐山市盐碱地开发利用的主要养殖模式，并且已经被纳为唐山地区主推模式。南美白对虾养殖开展了塑料大棚标粗与池塘精养接力的养殖模式，养殖产量大幅提高，平均亩产量在 500 千克左右。

二、技术要点

（一）池塘条件

（1）面积及水深　面积 5~15 亩，水深宜为 1.5~2.0 米。

（2）池型及坡比　池塘宜为东西走向的长方形，长宽比为 3∶1 到 5∶3。池埂坡比在 1∶2.0 到 1∶2.5。

（3）底质　池底平整，淤泥深度不应大于 15 厘米。

（4）进、排水系统　池塘应有独立的进、排水系统。进、排水口设有闸门，单独控制每口池塘水位。进水渠设在鱼池常年水位线以上，排水渠应低于池底，并设有防逃设施。

（二）水质要求

（1）水源水质　3 月初进水泡田洗田，水面漫过稻田 5 厘米。4 月中旬排出洗田水，汇集到养殖池塘，维持水源充足、水质清新、排灌方便。水质应符合 GB 11607—1989 的规定。

（2）池塘水质　养殖用水应符合 NY 5051—2001 的规定。透明度 20～30 厘米，pH 7.5～9.0，溶氧不小于 4 毫克/升，矿化度小于 10 克/升。

（三）苗种标粗

（1）标粗时间与密度　4 月中旬，小棚池水稳定在 18℃以上。标粗密度控制在 50 万尾/亩。

（2）标粗规格　从虾苗放入温棚池到分池养殖一般需要 1 个月左右的时间。标粗后的虾苗体长可达 3～4 厘米。

（四）增氧设备

增氧设备以叶轮式增氧机和水车式增氧机配合使用。叶轮式增氧机安装在池塘中轴线，水车式增氧机安装在池塘四周。

（五）苗种放养

苗种应来自良种场、原种场或具有水产苗种生产许可证的生产厂家。对引进的苗种应进行检疫。苗种质量按 SC/T 2068—2015 的规定执行。

洗盐排碱水池塘主要放养模式见表 8-1。

表 8-1　洗盐排碱水池塘主要放养模式

模式类型	品种	规格	尾数（尾/亩）
洗盐排碱水池塘养殖	南美白对虾	3 厘米以上	30 000～50 000

（六）放苗前准备工作

（1）清淤、晒塘、消毒　采用人工或机械清淤。清淤后池底曝晒 60 天以上。带水清塘采用漂白粉或者生石灰，杀灭病害。

（2）进水消毒　采用杀病原效力强、对藻类等有益生物刺激小的消毒剂，最好在傍晚或阴天兑水均匀泼洒。

（3）放养时间　在 5 月中旬，水温回升并稳定在 20℃以上。

（七）饲料投喂

（1）饲料要求　投喂配合饲料。配合饲料应符合 GB/T 22919.5—2008、NY 5072—2001 的规定。

（2）投喂量　4 日投饵率为虾体重的 3%～8%。生产中应根据水温、天气、生理阶段、水质指标等因素随时做出调整。

（3）投喂次数和时间　饲料日投喂次数 4 次。傍晚和早上投饵量占日投饵量 70%。投饲 1～2h 后观察残饵情况。

（八）水质调控

（1）使用微生态制剂　7—9 月每 10～15 天施用一次光合细菌、乳酸杆菌、芽孢杆菌等微生态制剂。

（2）水体消毒　每 10～15 天全池消毒一次。消毒剂使用应和微生态制剂使用错开 5～7 天。pH＞8 时，施用酸性化学物质进行消毒。

（3）水体增氧　养殖前期晴天中午开机 3～4 小时，中后期每天开机时间不少于 15 小时。阴雨天气、无风炎热的天气、池水透明度突然变大时、用消毒剂或微生态制剂时，适当增开增氧机或适量投放增氧片（剂）。

（4）水质监测　盐碱水矿化度在 5 克/升以上的池塘，在补加新水以后要及时进行水质检测，适时添加水质改良剂，使养殖用水的各项理化指标保持在适宜的范围内。养虾池塘正常水质条件：应保持水深 1.5 米以上，碳酸盐碱度 5 毫克/升以下，透明度 30～40 厘米，pH 7.8～8.6，池水矿化度 1～30 克/升。

（九）病害防治

盐碱水质中特有的病害是小三毛金藻。加强对病害的防治，有目的、合理和有效地使用药物，防止小三毛金藻的发生，并减少其他病害的发生。用药按 NY 5071—2001 的规定执行。

（十）收获

对虾达到商品规格后，拉网捕获。

第二节　典型案例

一、案例背景

唐山市盐碱地南美白对虾池塘高效养殖面积60 945亩，其中曹妃甸区 55 950亩、丰南区 4 995 亩。主要分布在曹妃甸区一农场、唐海镇、三农场、四农场、五农场、七农场、九农场、十农场、十一农场、柳赞镇、滨海镇以及丰南区的毕家圈、柳树圈。

曹妃甸区和丰南区地处滨海区域，受海水影响土壤盐渍化严重，形成了大面积的盐碱地。为了保障水稻种植生产顺利进行，每年需引入淡水冲洗土体表层盐分（泡田），而因此产生大量高盐度农业废水，无法被生活饮用、农业生产继续利用，任意排放易造成盐碱面源污染，危害下游生产生活。淡水养殖需要大量养殖用水，而养殖用水有限，形成与稻田养殖争水的局面。

利用稻田浸泡水开展节水渔业养殖，解决了两方面问题：一是盐碱废水集中管理，可降低排出废水对环境的危害，体现了较好的生态环保意义；二是解决了淡水养殖与稻田养殖争水的局面。

大田于每年的 1 月开始泡田，4 月中下旬抽水至池塘，开展盐碱地独具特色的淡水养殖。

曹妃甸区直接采用滦河水进行养虾，往往造成养殖的失败，而采用盐碱地稻田里排出的水养虾均获得成功。滦河水的水质情况：总含盐量为 1、pH 为 8.44、硬度在 170～239 毫克/升、碱度在 104～142 毫克/升、氯化物浓度在 34～40 毫克/升。原因分析：滦河水质中氯化物含量低于标准中最低限量 20%，缺乏对虾生存和生长所需的 Na^+ 和 Cl^-；而通过稻田里排出的盐碱水中的含盐量在 2 左右，氯化物含量较高，能满足对虾的生理需求。

曹妃甸地区滦河水型为氯化钠Ⅳ型，偏酸性，不利于对虾生长。引滦河水通过稻田浸泡后，水质改为碳酸钠Ⅰ型，各离子配比、pH 在安全养殖范围，可以较好满足对虾养殖需要，提高对虾成活率，为对虾高产打下良好的基础。根据《盐碱地水产养殖用水水质标准》（SC/T 9406—2012），对比数据见表 8-2。

表 8-2　滦河水和稻田浸泡水离子比例及水型（%）

水源	离子比例								水型
	阳离子				阴离子				
	Na^+	K^+	Ca^{2+}	Mg^{2+}	Cl^-	SO_4^{2-}	HCO_3^{2-}	CO_3^{2-}	
滦河水	33.2	0.7	8.0	6.9	18.5	14.8	18.0	0	氯化钠Ⅳ型
稻田水	28.9	1.0	5.5		13.7	2.0	46.2	2.6	碳酸钠Ⅰ型

二、主要做法

（一）苗种投放

4 月中旬至 5 月中旬完成虾苗小棚标粗。5 月中旬完成虾苗下塘。体长 3 厘米以上。

（二）主要技术措施

（1）降低水体浊度和黏度　控制适宜透明度，定期使用沸石粉等水质改良剂和水质保护剂，降低水体浑浊度和黏稠度，减少有机耗氧量。

（2）稳定水色，保持合理的藻、菌相系统　定期向养殖水体投放光合细菌等微生态制剂，促进水体的微生态平衡。根据水色情况，不定时施肥。

（3）合理加水　视具体情况在初春后要注重养殖池塘的蓄水。放苗后，根据条件许可和需要补充新水。每次加水应控制在 10 厘米左右，以 10 天加一次水为宜，以改善水质，促使对虾蜕壳生长。

（4）科学投饵　使用质高品优的饲料，合理投喂，减少外源蛋白的投入量，避免劣质饲料引起有机质大量积累，导致池水污染。

（5）定期消毒　在养殖过程中应坚持 7～10 天使用一次消毒剂，减少水质中的细菌总数。注意消毒剂使用应和生物制剂间隔 5～7 天使用，以免影响生物制剂的使用效果。

（6）合理使用增氧机　一般半精养模式 4～5 亩必须配备 3 千瓦的增氧机 1 台，有条件的地方可适当增加。只有在养殖水体中保持较高的溶氧水平（5毫克/升以上），才可有效减少鱼虾的发病率，促进生长。增氧机的使用要视天气情况、养殖密度、水质条件以及养殖生物活动情况而定。养殖密度大、对虾长至 5 厘米以上，每天开机时间不少于 5 小时；对虾长至 7 厘米以上时，每日开增氧机不得少于 18 小时。另外，天气异常要适当延长开机时间。

（7）水质检测　盐碱水矿化度在 5 克/升以上的池塘，在补加新水以后要及时进行水质检测，适时添加水质改良剂，使养殖用水的各项理化指标保持在适宜的范围内。养虾池塘正常水质条件：应保持水深 1.5 米以上，碳酸盐碱度 5 毫克/升以下，透明度在 30～40 厘米，pH 在 7.8～8.6，池水矿化度在 1～30 克/升。

（8）病害防控　盐碱水质中特有的病害是小三毛金藻。加强对病害的防治，有目的、合理和有效地使用药物，防止小三毛金藻的发生，并减少其他病害的发生。

三、取得的成效

2021 年，南美白对虾池塘养殖技术模式在唐山市曹妃甸区示范取得显著成效。典型案例分别选自五农场的坨东村和杜林村的南美白对虾池塘养殖。

（一）经济效益

2021 年度，曹妃甸区五农场坨东村南美白对虾池塘养殖技术模式新增产量 146.25 吨，新增产值 819 万元，新增效益 750.75 万元（表 8-3）。

表 8-3　曹妃甸区五农场坨东村南美白对虾池塘养殖技术模式统计

项目	2018—2020 年（平均值）	2021 年
示范面积（亩）	1 950	1 950
品种	南美白对虾	南美白对虾
总产量（吨）	341.25	487.5
单位产量（千克/亩）	175	250
总产值（万元）	1 228.5	2 047.5
单位产值（元/亩）	6 300	10 500
总效益（万元）	351	1 101.75

（续）

项目	2018—2020 年（平均值）	2021 年
单位效益（元/亩）	1 800	5 650
总成本（万元）	877.5	945.75
单位成本（元/亩）	4 500	4 850

2021 年度，曹妃甸区五农场杜林村南美白对虾池塘养殖技术模式新增产量 165 吨，新增产值 1 008 万元，新增效益 873 万元（表 8-4）。

表 8-4　曹妃甸区五农场杜林村南美白对虾池塘养殖技术模式统计

项目	2018—2020 年（平均值）	2021 年
示范面积（亩）	3 000	3 000
品种	南美白对虾	南美白对虾
总产量（吨）	525	690
单位产量（千克/亩）	175	230
总产值（万元）	1 890	2 898
单位产值（元/亩）	6 300	9 660
总效益（万元）	540	1 413
单位效益（元/亩）	1 800	4 710
总成本（万元）	1 350	1 485
单位成本（元/亩）	4 500	4 950

（二）社会效益

坨东村南美白对虾养殖池塘 244 个，杜林村南美白对虾养殖池塘 375 个，直接帮助养殖就业人员 85 人，年人均收入 2.7 万元；盐碱水南美白对虾养殖充分利用了稻田的泡田水，解决了淡水养殖与稻田养殖争水的问题；带动了苗种、饲料、渔药、运输、销售（经纪人）、加工等相关行业的发展，间接帮助就业人员 410 人。

（三）生态效益

盐碱水南美白对虾养殖充分利用了稻田的泡田水，实现了废水集中管理，可降低排出废水对环境的危害。因此，盐碱水南美白对虾养殖属于有效降低成本、节约水资源的养殖方式（彩图 11～彩图 13）。

四、经验启示

（1）建议开展测水养殖。检测池水理化因子构成、浓度及比例并进行调整，再开展养殖。

（2）在盐碱地开展水产养殖，要加强增氧机的使用，尤其是在硫化物水型中，要延长开机的时间。

（3）控制池水理化因子变化幅度减少生物应激反应。例如，盐度、pH、溶氧以及换水量，可以减少生理性疾病和非生理性疾病的发生。

（4）广盐性生物对盐碱水质具有较强的适应调节能力，对盐碱地水产养殖有着重要的现实意义。

（5）开展南美白对虾养殖塑料大棚标粗，大规格虾苗下塘，提高虾苗下塘成活率，降低成本，与池塘精养形成接力，养殖成功率和产量大幅提高。

（6）开展盐碱水养殖模式的微生态制剂应用示范研究，提高水体总碱度，减少养殖生物应激，提高养殖成功率和成活率。

（7）适宜开展多品种混养的水产养殖模式，如虾-鱼、虾-蟹、不同鱼类混养的生态养殖。开展新品种、新模式水产养殖试验示范，不断探索盐碱地开发利用新方法、新途径。

（8）适宜推广渔-农结合综合生态开发模式，如上农下渔以及林、草、渔立体开发模式。

（9）制定盐碱地区域规划，有序、科学开发盐碱地，把环境保护、高质量发展作为优先考虑，提高盐碱水资源利用率。

（10）加强盐碱地基础研究，摸清盐碱地基本类型、理化因子等基础指标，为盐碱地水产养殖提供一手资料。

第九章 洗盐排碱水大宗淡水鱼池塘绿色高效养殖技术模式

第一节 原理及要点

一、技术概述

本技术模式阐述了滨海型盐碱地池塘利用洗盐排碱水养殖大宗淡水鱼的池塘条件、水质要求、苗种放养及饲养管理等，适用于唐山市滨海型盐碱地池塘养殖，不包括海水和卤水池塘养殖。

在稳定现有模式的基础上，不断升级养殖技术、开发新的养殖模式。近几年，曹妃甸区、丰南区相继开展了稻虾（小龙虾）、稻鳅综合种养模式试验示范，并取得了良好的效果，亩增收 2 000 元以上。南美白对虾养殖开展了塑料大棚标粗与池塘精养接力的养殖模式，养殖产量大幅提高，平均亩产量 500 千克左右。先后出台了河北省地方标准《稻田河蟹综合种养技术规范》（DB13/T 324—2019）、《稻田泥鳅种养技术规范》（DB13/T 2847—2018）、《藕塘鱼蟹藕综合种养技术规范》（DB13/T 5446—2021），2021 年制定了团体标准《地理标志保护商标 曹妃甸湿地蟹》。唐山市水产技术推广站还与中国水产科学研究院东海水产研究所连续多年联合开展盐碱地土壤调查、盐碱水质综合改良调控技术研发与养殖模式构建等研究，针对唐山地区氯化物型盐碱水盐度跨度大（盐度 1～35）、高 pH 等特点以及养殖品种结构等开展了深入研究，为唐山市盐碱地水产养殖高质量发展奠定了基础。

二、技术要点

（一）池塘条件

（1）面积和水深 面积 5～15 亩，水深 1.5～2.0 米为宜。

（2）池型和坡比 池塘宜为东西走向的长方形，长宽比为 3：1 到 5：3。池埂坡比为 1：2.0 到 1：2.5。

（3）底质 池底平整，淤泥深度 15～30 厘米。

（4）进、排水系统　池塘应有独立的进、排水系统。进、排水口设有闸门，单独控制每口池塘水位。进水渠设在鱼池常年水位线以上，排水渠应低于池底，并设有防逃设施。

（二）水质要求

（1）水源水质　3月初进水泡田洗田，水面漫过稻田5厘米以上。4月中旬排出洗田水，汇集到养殖池塘。保证水源充足，水质清新，排灌方便。水质应符合GB 11607—1989的规定。

（2）池塘水质　养殖用水应符合NY 5051—2001的规定。透明度为20～30厘米，pH为7.5～9.0，溶氧不小于4毫克/升，矿化度小于10克/升。

（三）施肥

（1）施肥时间　春季补入新水后，及时施用发酵腐熟有机肥培肥水质。

（2）施肥量　滤食性鱼类鲢、鳙等为主的池塘施肥200～300千克/亩；草食性鱼类鲤、鲫等为主的池塘施肥100～150千克/亩；水质偏瘦时，追施有机肥或化肥。使总氨含量达0.25毫克/升以上，抑制小三毛金藻繁衍。

（四）苗种放养

（1）鱼种选择　选择规格整齐、体质健壮、体表完整、无畸形、无病无伤的鱼种放养。

（2）放养品种的选择　不同矿化度水质适宜放养品种见表9-1。

表9-1　不同矿化度水质适宜放养品种

矿化度（克/升）	适宜放养品种
1～3	鲤、鲫、草鱼、鲢、鳙等
3～5	鲤、鲫、梭鱼等
5～8	梭鱼等

（3）放养模式　盐碱地大宗淡水鱼池塘主要放养模式见表9-2。

表9-2　盐碱地池塘主要放养模式

模式类型	主养及放养品种		混养比例（%）	放养规格（克/尾）	放养尾数（尾/亩）
I	鲤	鲤	60～65	80～120	1 500～1 800
		鲢	15～20	100～120	100～120
		鳙	5	250～500	50～60
		鲫	10	60～120	500～600
		梭鱼	5	250～300	50～100

（续）

模式类型	主养及放养品种		混养比例（%）	放养规格（克/尾）	放养尾数（尾/亩）
Ⅱ	鲤	鲤	60～65	80～120	1 500～1 800
		鲢	15～20	100～120	150～200
		鳙	5	250～500	50～60
Ⅲ	鲫	鲫	60～65	60～120	500～600
		鲢	15～20	100～120	150～200
		鳙	5	250～500	50～60

（4）放养时间　本地鱼种放养时间在 3 月中、下旬或 4 月初，水温回升并稳定在 12℃以上。放苗时间宜选择在晴天上午或傍晚。

（5）鱼种消毒　按 SC/T 1008—2012 的规定执行。

（6）放养方法　避免集中在一个地方，在离池塘上风处岸边 1 米处分散放鱼。

（五）饲料投喂

（1）饲料要求　以投喂配合饲料为主，配合饲料应符合 NY 5072—2001 的规定。

（2）投喂量　4 月投饵率为 2%～3%，5—9 月投饵率为 3%～5%，10 月后投饵率为 1%～3%。

（3）投喂时间　3—4 月和 10—11 月投喂 2 次，投喂时间 9：00、17：00，5—9 月投喂 4 次，投喂时间 6：00、10：00、14：00、17：00。每次投喂持续时间为 40～60 分钟。

（六）水质调控

（1）换水　鱼种放养前 5～7 天注水 1.5 米左右，以后每周加水 5～10 厘米，6 月底前加到最高水位 2.0 米以上；7—10 月根据水质状况每 10～15 天换水一次，每次换水量为池水的 1/5 到 1/3。

（2）使用微生态制剂　7—9 月每 10～15 天施用一次光合细菌、乳酸杆菌、芽孢杆菌等微生态制剂。

（3）水体消毒　每 10～15 天全池消毒一次。消毒剂使用应和微生态制剂使用间隔 5～7 天。pH＞8 时，施用酸性化学物质进行消毒。

（4）水体增氧　每亩水面配置一台 0.4～0.5 千瓦的增氧机。依据"晴天中午、阴天次日清晨、连绵阴雨半夜开增氧机；傍晚、阴雨天中午不开增氧机"的原则适时开、关机，天气炎热、阴雨天时适当延长开机时间。

（七）病害防治

1. 综合预防措施

（1）采取彻底清塘、加注新水、换水排污以及使用水质调节改良剂等措施，改善池塘水质条件，营造良好的养殖水体环境。

（2）做好池塘、鱼体、食场、工具消毒。

（3）放养健康的苗种，确定适宜的放养密度和养殖组群。

（4）拉网、转塘应小心操作，避免鱼体受伤。

（5）投喂优质颗粒饲料。

2. 药物预防

4—10 月，每 15～20 天泼洒生石灰一次。用药按 NY 5071—2001 的规定执行。

（八）日常管理

每天早、晚各巡塘 1 次，观察池塘水位、水色变化、养殖品种的摄食、活动情况，有无病害发生，检查防逃设施是否完好，发现问题及时处理。做好养殖记录、用药记录，按照 SC/T 0004—2006 的规定执行。

（1）每天巡塘 1～2 次，发现问题及时处理。

（2）做好养殖日记，完整记录苗种放养、投饲、用药及轮捕轮放等情况。

（3）对发病池塘及生病或带有病原的动物进行隔离处理，防止病害传播。

（4）每月检查鱼类生长情况，及时调整日投饲量。

（5）及时了解市场情况和鱼类生长情况，做到及时上市。

第二节　典型案例

一、案例背景

唐山市曹妃甸区地处滨海区域，受海水影响土壤盐渍化严重，形成了大面积的盐碱地。每年大田 1 月开始泡田，4 月中下旬抽水至池塘，开展盐碱地独具特色的淡水养殖。曹妃甸区盐碱地水产养殖面积 110 000 亩，其中大宗淡水鱼绿色高效养殖面积 30 000 亩，曹妃甸区五农场坨东村养殖面积 850 亩。

二、主要做法

（一）苗种投放

3 月下旬至 4 月，完成大宗淡水鱼鱼种下塘。每亩放养鲤 1 500 尾，每尾 100～150 克；鳙 30～40 尾，每尾 250～500 克；鲢 60～100 尾，每尾 250～500 克；鲫 300～500 尾，每尾 50 克；梭鱼 100～200 尾，每尾 100～

150 克。

（二）主要技术措施

（1）控制透明度，定期使用沸石粉等水质改良剂和水质保护剂，降低水体浑浊度和黏稠度，减少有机耗氧量。

（2）定期向养殖水体投放光合细菌等微生态制剂，促进水体的微生态平衡。根据水色情况，不定时施肥。

（3）合理加水，视具体情况在初春后注重养殖池塘蓄水。放苗后，根据条件许可和需要补充新水。每次加水应控制在 10 厘米左右，10 天加一次水为宜。

（4）科学投饵，使用质高品优的饲料，合理投喂，减少外源蛋白投入量，避免劣质饲料引起有机质大量积累，导致池水污染。

（5）定期消毒，在养殖过程中应坚持 7～10 天使用一次消毒剂，减少水质中的细菌总数。注意消毒剂使用应和生物制剂间隔 5～7 天，以免影响生物制剂的使用效果。

（6）合理使用增氧机。一般半精养模式 4～5 亩必须配备 3 千瓦的增氧机 1 台，有条件的地方可适当增加。只有在养殖水体中保持较高的溶氧水平（5 毫克/升以上），才可有效减少鱼的发病率，促进生长。增氧机的使用要视天气情况、养殖密度、水质条件以及养殖生物活动情况而定。另外，天气异常要适当延长开机时间。

（7）水质检测。盐碱水矿化度在 5 克/升以上的池塘，在补加新水以后要及时进行水质检测，适时添加水质改良剂，使养殖用水的各项理化指标保持在适宜范围内。养鱼池塘正常水质条件：应保持水深 2.0 米以上，透明度在 20～40 厘米，pH 在 7.5～9.0。对于重度盐碱水，应使用淡水水源进行调整，并结合人工调配技术进行水质改良。

（8）病害防控。加强对病害的防治，有目的、有效和合理地使用药物，防止盐碱水质中特有的病害藻类小三毛金藻的发生，并减少其他病害的发生。

三、取得的成效

（一）经济效益

曹妃甸区五农场坨东村 2018—2020 年总效益 123.68 万元，单位效益 1 455.06 元/亩，总成本 722.5 万元，单位成本 8 500 元/亩；2021 年总效益 661.13 万元，单位效益 7 778 元/亩，总成本 1 232.5 万元，单位成本 14 500 元/亩，新增产量 820.25 吨，新增产值 1 047.45 万元，新增效益 537.45 万元（表 9-3）。

表9-3　曹妃甸区大宗淡水鱼盐碱水绿色高效养殖技术模式统计

年度	示范面积（亩）	品种	总产量（吨）	单位产量（千克/亩）	总产值（万元）	单位产值（元/亩）
2018—2020年	850	鲤	850	1 000	714	8 400
		鲢	63.75	75	19.13	225.06
		鳙	85	100	21.25	250
		鲫	85	100	68	800
		梭鱼	34	40	23.8	280
		小计	1 117.75	1 315	846.18	9 955.06
2021年	850	鲤	1 513	1 780	1 603.78	18 868
		鲢	127.50	150	43.35	510
		鳙	85	100	56.1	660
		鲫	127.50	150	127.5	1 500
		梭鱼	85	100	62.9	740
		小计	1 938	2 280	1 893.63	22 278

（二）社会效益

坨东村大宗淡水鱼盐碱水养殖池塘共34个，直接帮助17人从事养殖就业，年人均收入3.6万元；大宗淡水鱼盐碱水养殖充分利用了稻田的泡田水，解决了淡水池塘养殖与稻田养殖争水的问题；还带动了苗种、饲料、渔药、运输、销售等相关行业发展，间接帮助其他行业100人就业。

（三）生态效益

大宗淡水鱼盐碱水养殖充分利用了稻田的泡田水，实现了废水集中管理，可降低排出废水对周边环境的危害；且大宗淡水鱼盐碱水养殖属节水渔业，降低养殖成本，节约资源（彩图14～彩图17）。

第十章　盐碱水域生态放牧养殖技术模式

第一节　原理及要点

本技术模式规定了盐碱水域生态放牧养殖的养殖条件、苗种选择、运输、放养、越冬管理和捕捞等方面技术。本技术模式适合内陆盐碱湖泊、水库养殖。

一、养殖条件

根据湖泊水库等盐碱水水体生态容量，以"人放天养"为主要方式开展水产增养殖。水源水质应符合 GB 11607—1989 的规定，水源充足、清新，无污染。

二、苗种选择

苗种要求品种纯正、活力强、无疾病、规格大小均匀，最好自育，也可向正规苗种场购买，在购买鱼苗之前需要审核供苗企业的资质、信誉以及生产许可证。同时，要结合生产实际确定放养苗种规格。

夏花、鱼种：优质的夏花、鱼种一般是同一种鱼规格整齐，体色鲜艳有光泽。

蟹苗：个体规格大小一致，体色深浅一致，呈淡青黄色，稍带光泽。活动能力强，爬行敏捷。一般每千克 14 万～16 万只为优质苗；每千克 18 万～22 万只质量中等；每千克 24 万～30 万只为劣质苗。

三、苗种运输

苗种运输与苗种体质、运输密度、水温、水质、溶氧密切相关。采用活鱼车或塑料袋充氧运输，应按照 SC/T 1075—2006 的规定执行。

（一）鱼苗运输方法及注意事项

（1）应选择规格整齐、体质健壮、无创伤、游动活泼的苗种。

（2）其次要进行拉网锻炼，并使苗种预先排空肠内粪便，减少体表黏液。

（3）选择适宜的运输温度，一般情况下，水温应控制在 10～20 ℃。

（4）要保证运输水质良好，溶氧充足。

（二）蟹苗运输方法及注意事项

蟹苗运输适用于干法运输。干法运输是用一种特制的木制蟹苗箱，长40～60 厘米、宽 30～40 厘米、高 8～12 厘米，箱框四周各挖一窗孔用以通风。箱框和底部都有网纱，防止蟹苗逃逸，5～10 个箱为一叠，每箱可装蟹苗0.5～1 千克.蟹苗运输应注意以下几点：

（1）蟹苗箱必须在水中浸泡 12 小时，以保持运输途中潮湿的环境。

（2）蟹苗箱内应先放入水草。箱内用水花生茎撑住箱框两端，然后放一层满江红（绿萍），使箱内保持一定的湿度，也防止蟹苗在一侧堆积，并保证了蟹苗层的通气。

（3）蟹苗运输应坚持宜干不宜湿的原则。长途运输时，装苗前必须预先将称重后的蟹苗放入筛绢袋内，甩去其附肢上的黏附水，然后均匀地分散在苗箱水草上。

（4）一般每箱装运的密度控制在 1 千克，运输时间为 24 小时。

（5）运输途中，尽量避免阳光直晒或风直吹。以防止蟹苗鳃部水分蒸发而死亡。

（6）运输途中，如蟹苗箱过分干燥，可用喷雾器将木箱喷湿，以保持箱内环境湿润，一般苗体不必喷水，否则反而造成蟹苗附肢黏附过多水分造成支撑力减弱而死亡。

（7）有条件可用空调车或加冰降温运输，并给予适当通风。气温控制在20 ℃，最低气温不能低于 15 ℃，其气温骤变的安全范围不超过 5 ℃。

四、苗种放养

（一）鱼种消毒

在把鱼种放到水中之前需要对鱼种进行杀菌消毒，这样就能够有效杀死鱼种携带的寄生虫以及病原，是防治鱼病的关键。如果使用盐水进行消毒，就要浸洗 10～15 分钟。

（二）放养时间

鱼种放养有秋季放养和春季放养两种方式，因秋季放养越冬管理复杂，实际生产中多以春季放养为主。

（三）放养品种

品种搭配应当根据水面的条件来确定，也可根据水体内鱼类种群特点来确定。大水面一般分为水草型、富营养型、贫营养型几种。

1. 水草型大水面养殖

采取这种模式时可以多投放草鱼、鲤，少投放花白鲢。投放量一般是鲫40%～50%、草鱼20%～30%、花白鲢20%、鲴科鱼类和肉食性鱼类10%。同时，为了提高经济效益，还可以投放适量的河蟹。千亩以内的水面河蟹投放量每亩不超过2.5千克，千亩以上的水面河蟹投放量每亩不超过1.5千克。

2. 富营养型大水面养殖

富营养型水面是指水面养殖经营时间较长，底泥较厚，水生植物比较少的水体。水源多为稻田泄水或雨水，肥力高、透明度低。采取此种养殖可多投放鲢、鳙，少投放草鱼，适当投放鲤、鲫。浮游植物数量保持500万个/升以上的水域，放养鲢比例为60%，鳙10%，鲤、鲫、草鱼占20%，鲴科鱼类和肉食性鱼类占10%。浮游植物数量低于100万个/升的水体，放养鳙的比例为40%，鲢10%，鲤、鲫、草鱼10%，鲴科鱼类和肉食性鱼类10%。这种水体不适合养殖河蟹。

3. 贫营养型大水面养殖

贫营养型水面指水质清瘦、浮游植物数量少、底泥有机质含量低的水体。这种水体（在北方大多属碱性水体，水体混浊度高）养殖的鱼类品种搭配要根据水体的特点来确定，水体中杂鱼数量多时可适当增加肉食性鱼类的数量。水体底部为砂质土壤时可投放大银鱼，浮游动物比较多也可适当增加鳙数量。鲢、鳙投放比例可占鱼类总数量40%，鲤、鲫占60%。每年定期向水体投入粪肥和饲料，当水体培肥后再根据水体营养情况改变投放结构。

4. 放养密度

根据所含的饵料生物基础条件和放养鱼类的成活率来确定。饵料生物相对贫乏的贫营养型水域，无论水体面积大小、深浅，鱼苗的放养密度都必须低于40尾/亩；营养型或富营养型的水体，鱼苗的放养密度一定要根据水中饵料特点来确定，1万亩以上的水面放养密度为30～50尾/亩，千亩到万亩的水面放养密度为50～100尾/亩，以后可根据捕鱼情况和存塘量逐年调整。

5. 放养模式

能够保证鱼类每年安全越冬且按照标准投放鱼苗的水体，第三年开始即可长年起捕，实行轮捕轮放，捕大留小，起捕的数量和种类根据鱼类放养密度、水体内种群结构特点确定。轮捕轮放目的是把有限的天然饵料最大限度地供给优质商品鱼，不但能够提高鱼的商品规格，还可以增加亩产量。

五、越冬管理

大水面养殖鱼类一般情况下没有越冬风险，但如果管理不到位，也可造成大量死亡，这样就很难使商品鱼达到较大规格。由于水中89%的溶氧来源于水中浮游植物的光合作用，而冰面上厚厚的积雪严重阻挡阳光进入水中，大大降低水中浮游植物的光合作用，使生物增氧的能力降低。如不能及时清除积雪，将会导致越冬鱼类因缺氧而大量窒息死亡，给渔业生产造成重大损失。

水面有挺水植物时冬季不用进行打孔排气，只要保证水体有效深度达到1米以上即可。一般情况下，有效水体能容纳越冬鱼密度为0.5～1千克/米³；当水面没有挺水植物且淤泥较深时，冬季要对水体进行不定期排气，也可在水中立一些芦苇捆，让苇捆的上部露出冰面，下部与水相接，用来排出水中的有害气体，这样的水体能容纳越冬鱼密度为0.5千克/米³。

六、病害防治

坚持"预防为主，防治结合"的原则，鱼病的治疗用药应符合NY 5071—2001的规定。

七、养成收获

(一) 商品鱼

商品鱼捕捞一般分明水期捕捞和冬季捕捞，捕捞方法以大拉网捕捞为主，也可用抄网捕捞法、丝网捕捞法。

(二) 蟹

9月下旬至10月上旬，多采用地笼张捕等方法进行抓捕。

第二节　典型案例（一）

一、案例背景

我国幅员辽阔，区域地理环境差异大，同时受季风的影响，无论从数量、类型和资源含量等方面看，我国的湖泊均表现为多样、丰富、区域性明显的特点。约有6.9亿亩的低洼盐碱水域和约占全国湖泊面积55%的内陆咸水水域。这些盐碱地（水）资源遍及我国19个省、自治区、直辖市，主要分布在东北、华北、西北内陆地区。根据分布、成因、水环境、地貌、气候条件，兼顾行政分区，我国的湖泊被划分为5大湖区：东北平原与山地湖区、东部平原湖区、蒙新湖区（或西北干旱湖区）、青藏高原湖区和云贵高原湖区。在这些数量众多的湖泊中咸水湖泊主要分布在青藏高原湖区、蒙新湖区、东北平原与山地湖区，我国咸水湖中的离子主要由 Cl^-、SO_4^{2-}、CO_3^{2-}、HCO_3^-、Na^+、K^+、Mg^{2+} 组成，盐类主要有 $NaCl$、$MgCl_2$、$CaCl$、Na_2CO_3、$NaHCO_3$、$MgCO_3$、$MgSO_4$、$CaSO_4$。分析湖水离子组成可知，我国内陆咸水湖既有碳酸盐类型（如达里湖、纳木错、呼伦湖等），又有氯化物盐类型（如青海湖、班公错）和硫酸盐类型（如色林错），其化学成分比较复杂。随着干旱年份增多，湖水蒸发量大于降水量，湖水的浓缩与盐碱化对人类的生产生活产生了不同程度的影响。尽管如此，在一些湖泊中也不乏水生生物的存在，有些具有较强耐受性的鱼类和浮游生物甚至能够在高盐、高碱湖泊中生存并形成旺族，如达里湖中的雅罗鱼、鲫，青海湖的青海湖裸鲤等。千岛湖利用鲢、鳙等鱼类滤食水中浮游生物的习性，来改善和提升水质，同时以科学捕捞维护生态平衡，建立起了以保水为前提、以生态为依托的保水渔业。

内蒙古自治区盐碱水域面积 1 000 多万亩，宜渔盐碱水域 247 万亩。主要分布在黄河流域、西辽河流域、锡林郭勒盟、乌兰察布市等，这些闲置的盐碱地资源虽然无法被种植业和畜牧业利用，但能为渔业所利用，为渔业发展提供了潜在的资源条件。

达里湖湖区位于内蒙古自治区赤峰市克什克腾旗境内的贡格尔草原上，海拔 1 226~1 228 米。面积约 35.7 万亩，平均水深 6.7 米，最大水深 13 米。由达里湖、岗更湖和鲤鱼湖三个湖泊以及贡格尔河、沙里河、亮子河、耗来河四条河流组成。达里湖是内蒙古自治区典型的碳酸盐型半咸水湖泊，由于湖水盐碱化程度高，湖中鱼的种类较少，只有瓦氏雅罗鱼、鲫、麦穗鱼和达里湖高原鳅四种。湖区属高原性气候，年降水量在 300~500 毫米，且大部分集中在 6—9 月，年蒸发量 1 370 毫米左右；全年多风，6 级以上的大风天数平均在 70 天以上，气温低；湖面封冰期从 11 月到翌年 5 月，冰层厚度一般为 1 米左右，最厚可达 1.4 米。一年中平均水温在 16℃ 以上的时间不超过 3 个月，夏季最高水温为 21.9℃。近年来由于气候干旱，湖水盐碱化程度有继续升高趋势。开展瓦氏雅罗鱼人工繁殖、达里湖鲫辅助繁殖、大水面增殖，很好地提升了以上两种鱼类的资源量，可以达到"以渔改碱，以渔治碱"的目的。对保护达里湖土著耐盐碱品种种质资源、提升达里湖捕捞产量有着极大的意义。

二、主要做法

盐碱水域生态放牧养殖模式遵循鱼类自然生长规律，提高捕捞规格，控制捕捞强度。有利于改良鱼类品种结构，提高水体资源的转化率和养殖经济效益。有利于加强土著经济鱼类的研究，培育适合全区水域环境的优良品种。通过制定科学的捕捞规格，合理限制捕捞量，划定禁渔期和禁渔区，保护经济鱼类的生存和生长，涵养水体鱼类资源，增强水体生态系统的自我调节能力，形成并稳定水体新的生态平衡，实现水体生态系统的良性循环、渔业资源的永续利用和渔业生产的持续发展；通过人为的生物操纵手段，如开展鱼类增殖工作、增加鱼类苗种投放量、引进新的鱼类品种等，充分利用和转化水体中饵料生物资源，一方面可提高水产品质量和经济效益，另一方面可有效转化水体营养物质，增强水质调控能力，防止水体富营养化，进而达到稳定性较强的新的生态平衡，使整个水体成为一个优质高效的生态系统。

克什克腾旗达里湖是内蒙古高原干旱区的封闭性湖泊，属于碳酸钠型半咸水。近年来，由于种种原因，捕捞规格逐年下降，达里湖渔业资源呈现衰减趋势。本项目实施的盐碱水域生态放牧养殖模式，通过开展瓦氏雅罗鱼人工繁殖、达里湖鲫辅助繁殖、大水面增殖，很好地提升了以上两种鱼类的资源量，对保护达里湖土著耐盐碱品种种质资源、提升达里湖捕捞产量有着极大的意义。此外，放牧不投饵的养殖模式，不会对原本已经富营养化的达里湖造成污染，生态效益明显。

该模式集成优化瓦氏雅罗鱼人工繁殖技术、苗种培育技术、达里湖鲫自然繁殖辅助技术、盐碱水域生态养殖技术、大水面增殖技术、轮捕轮放生态捕捞技术，在达里湖开展瓦氏雅罗鱼、达里湖鲫等土著特色鱼类放牧养殖模式的示范推广。

1. 达里湖瓦氏雅罗鱼人工繁殖

课题组技术人员赴达里湖渔场开展瓦氏雅罗鱼人工繁殖，完成亲鱼选择、催产、采卵、人工授精、受精卵脱黏、消毒、孵化、出苗等方面工作。2022年繁育瓦氏雅罗鱼水花8 219.5万尾，孵化率达到64%以上（彩图18）。

2. 苗种培育技术

当孵化的瓦氏雅罗鱼水花稳定后导入池塘中进行培育，入塘之前，做好池塘消毒、野杂鱼清除、饵料生物培养等工作。要选择晴天背风坡入塘，入塘后要马上饲喂熟蛋黄（细纱绢过滤），之后用豆浆饲喂，一般每亩放20万～40万尾，一次用2～4千克大豆磨浆，一日2～3次。

3. 人工增殖技术

为提高苗种成活率，经过20天的培育，当苗种规格达到2～3厘米后，投入湖中。

4. 达里湖鲫自然繁殖辅助技术

达里湖鲫主要依靠天然繁殖。2022年，课题组派出技术人员，指导达里湖渔场开展了天然产卵场保护、修复和人工种草等工作。

5. 生态捕捞技术

达里湖收获捕捞一般在每年1月进行。湖面的冰层厚度达到60厘米以上时开始冬捕，作业方式是冰下大拉网。为了促进资源的可持续利用，达里湖坚持"捕大留小,轮捕轮放"的原则,对捕捞的规格和产量有着严格的规定。

三、取得的成效

(一)经济效益分析

通过两年的试验,在赤峰市达里湖开展了达里湖瓦氏雅罗鱼、鲫放牧养殖模式构建与示范应用,示范面积4万亩,推广面积6万亩。指导达里湖渔场完成了瓦氏雅罗鱼人工繁殖,繁育瓦氏雅罗鱼水花1.3亿尾。

根据2022年1月冬捕结果,达里湖瓦氏雅罗鱼产量为160吨,较2020年增加20吨;鲫产量为18吨,较2020年增加7吨;新增纯收益为385万元,提高了21.54%,2022年,达里湖瓦氏雅罗鱼价格为130元/千克,较2020年增长20元/千克;达里湖鲫价格为150元/千克,较2020年增长20元/千克;综合效益较2020年提高38.11%。

(二)社会效益

放牧养殖模式的开展,以养殖容量为研究基础,集成优化瓦氏雅罗鱼人工繁殖技术、苗种培育技术、达里湖鲫自然繁殖辅助技术、盐碱水域生态养殖技术、大水面增殖技术、轮捕轮放生态捕捞技术,有效解决了达里湖资源利用率不高、资源量不足、产业链条不完善、收益不稳定等问题,保护了土著耐盐碱品种种质资源,进一步增加了土著品种群体数量,提升了捕捞产量,促进了达里湖渔业绿色高质量发展,为大水面渔业生态发展和土著渔业资源保护提供经验借鉴。

四、经验启示

通过盐碱水域生态放牧养殖技术的实施,开展土著经济鱼类的生物学特性研究,在此基础上进行提纯复壮、生物技术育种、移植和引种驯化等生物技术工程工作。凭借瓦氏雅罗鱼和鲫自身耐高盐碱、高pH等生物学特性优势,对其向高盐碱湖泊——柒盖淖、奎子淖等水体(目前已无经济鱼类)进行移植,在盐碱地水产养殖的产量及经济效益产出上取得了突破性进展,"以渔改碱,以渔治碱"提高渔业的产量和产值,保证渔业资源的永续利用的可持续发展,其生态效益是显著的。同时,在试验过程中,由于对湖中现有鱼类资源量及生物量无法准确掌握,导致难以更精确的制订增殖方案(彩图19~彩图24)。

第三节　典型案例(二)

一、案例背景

盐碱水域生态放牧养殖模式利用河流、湖泊、水库等天然水域,采用"人放天养""轮捕轮放""捕大留小"等"放牧式"生态增养殖模式,以人工投放鱼苗或大规格鱼种,依靠天然饵料进行科学的生态增养殖,提高优质水产品产能。推广多元化生态增养殖模式,修复水域生态环境,维护生物多样性;打造环境优美、产品优质、产业融合、生产生态生活相得益彰的大水面生态渔业发展格局。科学合理利用水域渔业资源,推动盐碱水域生态放牧发展,对拓展渔业发展新空间、产业区域战略转移、淡水资源节约利用及盐碱环境生态修复等具有重要的现实意义。

乌梁素海位于内蒙古自治区巴彦淖尔市乌拉特前旗境内,属温带大陆性气候,干旱少雨,春季风沙大,年平均气温 7.1℃,年降水量 220.5 毫米,海拔 1 018.5 米。北靠狼山南麓山前冲积、洪积平原,东接乌拉山洪积阶地,西面和南面皆为黄河北岸的冲积平原。乌加河纵贯南北,西南有"河套灌区总排干沟"与黄河相连。乌梁素海水面面积稳定在 293 千米^2(44 万亩),湖区库容为 2.5 亿~6 亿米^3,最大水深 4.2 米,平均水深 1.5 米左右,湖水来源主要是农田排水、山洪水和降雨补给,湖水损失主要是水面蒸发和植物蒸腾。乌梁素海生态环境保护对维系我国北方生态安全屏障、促进地区经济发展具有重要作用。乌梁素海曾是内蒙古自治区重要的渔业生产基地,出产的黄河鲤以肉质细嫩、金鳞赤尾、体型颀长而跻身于中国四大淡水名鱼之列;其他的鱼类品种,如鲫、草鱼、鲢、赤眼鳟、雅罗鱼等 20 多个鱼类品种,也是乌梁素海的经济鱼类。近年来,当地城镇污水、工业废水和农田退水排入乌梁素海,使乌梁素海水体受到污染,生态功能退化,生态环境问题突出。开展盐碱水域生态放牧养殖技术,通过在湖库合理放养滤食性、草食性等鱼类,促进水域氮、磷、碳等元素有序循环,控制水域富营养化,实现"以渔抑藻、以渔净水"的渔业产业发展模式。

二、主要做法

乌梁素海,是黄河流域最大的湖泊湿地,是内蒙古自治区第二大湖泊,也是中国八大淡水湖之一。乌梁素海是由黄河改道而形成的河迹湖。乌梁素海是全球荒漠半荒漠地区极为罕见的具有生物多样性和环保多功能的大型草原湖泊,对维护中国西北地区乃至更广大区域的生态平衡、保护物种的多样性起着举足轻重的作用。近年来,工业废水、城镇生活污水以及农田退水排入,导致乌梁素海水体富营养化,丰茂的水草加速了沼泽化进程,底层腐殖质淤积,水位浅,水质环境严重恶化,给鱼类生存、生长和越冬构成严重威胁,鱼产品只有为数不多的鲤、鲫,其"四大渔场"的称号已名不副实。通过开展渔业资源增殖放流,放养鲢、鳙、草鱼等常规鱼类。制定科学的捕捞规格,合理限制捕捞量,划定禁渔期和禁渔区,保护经济鱼类的生存和生长,涵养水体鱼类资源，增强水体生态系统的自我调节能力，形成并稳定水体新的生态平衡，这样既可以养出生态的鱼，又可以"以渔净水"，保护和改善渔业生态环境，促进渔业可持续发展。

（一）乌梁素海鱼类调查内容及方法

此次鱼类生物多样性调查采取历史资料收集、设网捕捞以及走访调查的形式进行。根据历史资料观测，1954年乌梁素海开始有渔业生产，随着渔业生产的扩大，1958年开始人工投放青鱼、草鱼、鲢、鳙四大家鱼鱼种及团头鲂鱼种。由于种种原因，四大家鱼及团头鲂都没有形成较稳定的种群生物量。随着乌梁素海水环境的变化，鱼类种群数量以及鱼类种类也发生了变化。据调查，1955年以前，渔获物组成中鲤数量占90%以上；1960年占50%～60%；1960年以后鲤在渔获物组成中所占的比例逐渐下降，相反鲫的数量逐渐上升，从1983年的50%～60%上升到1999年的78%。同时，其他的一些鱼类逐渐消失或所占的比例很小，这与过度捕捞和水环境变化有关。目前，湖内鱼类的数量较少，鱼类数量最多的为鲫，占80%以上，其次为麦穗鱼、鲤，其他的种类数量均较少，鱼类种群单一，鱼类种群数量以鲫为绝对优势。

（二）乌梁素海鱼类调查结果与分析

2019年，通过实地调查和查阅相关资料，生活在乌梁素海的水生野生动物主要包括鱼类、甲壳类（虾类）和两栖类。由于乌梁素海是黄河的附属水域，其鱼类组成与黄河中上游水系鱼类组成具有相同特点。黄河鲤和兰州鲶（俗称"黄河鲶"）是主要的大型经济鱼类，此外还有赤眼鳟、瓦氏雅罗鱼、红鳍原鲌、黄颡鱼等名贵鱼类及秀丽白虾等。鱼类主要包括鲤科鱼类的鲤亚科、雅罗鱼亚科、鉤亚科、鳅鮀亚科、鲌亚科、鳊鲅亚科6个亚科及鲶科、鳅科、虾虎鱼科、鳢科、青鳉科、塘鳢科、鳠科、斗鱼科9科共28种鱼类。其中，比较重要的鱼类有黄河鲤、兰州鲶、瓦氏雅罗鱼、赤眼鳟、鲫、鲂、鳘鲦、鲶、黄颡鱼、红鳍原鲌、泥鳅等。

（三）开展渔业资源增殖放流

2010—2017年，自治区、市级水产部门和乌拉特前旗水产站在乌梁素海开展渔业增殖放流活动8次，累计投放鲤、草鱼、鲢、鳙各种规格鱼种2 938.3万尾。增殖放流活动的开展不仅有利于发挥"以渔治水"在乌梁素海渔业水域生态环境治理中的积极作用，将大量的内源性、外源性营养物质转化为鱼产品，有效净化了水体水质，而且还促进了当地渔业经济的发展。近年来，随着增殖放流工作的开展，地方政府加大了乌梁素海苗种投放力度，其苗种投放及产量情况见表10-1。

表 10 - 1　乌梁素海苗种投放一览

年份	草鱼			花白鲢鱼种			花白鲢夏花	合计	
	规格（克/尾）	重量（千克）	数量（尾）	规格（克/尾）	重量（千克）	数量（尾）	数量（万尾）	重量（千克）	数量（万尾）
2018	500～1 000	6 260	11 200	100～150	7 750	76 500	30.5	14 010	39.27
2019	250～500	24 283	80 943	100～500	12 500	65 000	0	36 783	14.59
2020	300～500	14 000	29 000	200～400	5 700	19 000	0	19 700	4.8
合计	—	44 543	121 143	—	25 950	160 500	30.5	70 493	58.66

2017 年捕捞产量 1 080 吨，2018 年捕捞产量 1 265 吨，2019 年捕捞产量 1 400吨。捕捞产品大多为小型野杂鱼类，主要有鲫、麦穗鱼、泥鳅等。据相关部门预测，乌梁素海小型鱼类的资源量为 2 500 吨左右。

三、取得的成效

（一）经济效益分析

通过投放优质的放养品种，提高天然水域资源利用率和单位产量，提升水产品品质，增加收益。2022 年乌梁素海渔业资源调查结果显示，乌梁素海鱼类资源总量评估结果为 1 257 吨，其中鲫、麦穗鱼、鲤、鲇、草鱼的资源量最高，分别为 676.3 吨（53.8%）、183.2 吨（14.6%）、147.6 吨（11.7%）、80.4 吨（6.4%）和 38.4 吨（3.1%）。人工放流的草鱼、鲢、鳙在此次评估中的资源量合计为 54.2 吨，其占总资源量的 4.3%；而鲫、鲤、鲇、鳊及四大家鱼等经济鱼类的资源量合计为 991.0 吨，其占总资源量的 78.8%。

（二）社会效益

盐碱水域生态放牧养殖在实施乡村振兴战略、保障优质水产品供给、促进农民增收等方面发挥着重要作用。发展盐碱水域生态放牧养殖，在水质优化与环境质量控制、品种开发与良种培育、生态养殖与技术规范、综合利用与生态修复方面进行示范推广，解决盐碱水开发利用率低、渔业开发关键技术覆盖不全面、渔业开发生态修复功能不凸显等盐碱水渔业发展中的瓶颈问题，不仅为开发利用非常规水资源、缓解用水矛盾提供了新思路，而且可以改善盐碱区域生态环境、有效解决影响盐碱地治理长效性的洗盐排碱水出路问题，对促进我国生态文明建设、解决偏远地区"三农"问题、保障粮食生产安全都具有重要的战略意义。

四、经验启示

通过盐碱水域生态放牧养殖技术的实施，乌梁素海只投放鱼种，不投任何饲料和危害环境药品，实现了"以水养鱼、以鱼养水、以渔控草、以渔净水"，修复水域生态环境，进而形成人与自然生态和谐、共生共赢的良好局面。

参考文献 ///////////

REFERENCES

戴德进，1993. 池塘鱼蟹混养技术 [J]. 水产养殖，4：2-3.

邓国成，谢骏，李胜杰，等，2009. 大口黑鲈病毒性溃疡病病原的分离和鉴定 [J]. 水产学报，33 (5)：871-877.

丁军，孙玉华，2016. 南美白对虾盐碱水养殖技术 [J]. 中国水产，5：74-75.

冯伟业，姚静，赵悦，等，2020. 利用盐碱水养殖南美白对虾试验 [J]. 现代农业，4：13-14.

冯伟业，赵一杰，王紫阳，等，2023. 盐碱水池塘鱼虾混养模式构建与养殖效益分析 [J]. 中国水产，1：98-100.

冯伟业，赵一杰，姚静，等，2023. 乌梁素海生态渔业增殖容量评估 [J]. 科学养鱼，4：78-80.

高延亮，周凯，韦艳，等，2019. 不同增氧方式对盐碱养殖池塘 pH 的影响 [J]. 海洋渔业，41 (4)：453-462.

葛建民，訾方泽，王新月，等，2023. 新疆盐碱水湖塘生态养殖模式下鱼类生长及肌肉营养品质 [J]. 中国水产科学，30 (5)：559-572.

管红梅，曲丽华，巩里娟，2018. 北方地区河蟹池塘养殖技术 [J]. 黑龙江水产，3：25-16.

国家环境保护局，1989. GB 11607—1989 渔业水质标准 [S]. 北京.

河北省农业厅，河北省质量技术监督局，2016. DB13/T 2409—2016 盐碱水对虾养殖水质调控技术规程 [S]. 石家庄.

来琦芳，王慧，么宗利，等，2021. 盐碱池塘生石灰 pH 调控方法 [P]. 中国专利：108975480B.

李根林，2017. 湖泊无公害草鱼、鲢鱼网围栏养殖试验 [J]. 农民致富之友，2：283.

梁健，金柏涛，王红权，等，2013. 氨氮对鲢鱼的毒性研究 [J]. 湖南饲料，6：33-34.

刘丽静，2011. 盐碱地渗水养殖凡纳滨对虾离子浓度及比例的确定 [D]. 保定：河北大学.

吕家智，羊茜，1997. 精养池塘鱼蟹混养试验报告 [J]. 内陆水产，10：5-6.

孟和平，韩国苍，高玉奎，等，2015. 达里湖鲫鱼、瓦氏雅罗鱼资源的可持续发展 [J]. 当代畜禽养殖业，10：48，59.

宋长太，1994. 鱼蟹混养注意事项 [J]. 农家科技，6：38-39.

苏发文，高鹏程，来琦芳，等，2016. 铜绿微囊藻和小球藻对水环境 pH 的影响 [J]. 中国水产科学，23 (6)：1380-1388.

唐玉华，2021. 池塘大规格河蟹养殖技术（上）[J]. 养殖世界，20：32-33.

王慧，来琦芳，么宗利，等，2010. 盐碱地水产健康养殖百问百答 [M]. 北京：中国农业出版社.

王伟，王琪，戚甫长，等，2019. 非离子氨和亚硝态氮对鳙幼鱼的急性毒性试验 [J]. 现代农业科技，8：228-229，234.

肖召旺，2009. 鱼蟹混养生态养殖试验 [J]. 渔业致富指南，6：40-41.

薛凌展，吴素琼，张坤，等，2019. 氨氮对异育银鲫"中科 3 号"幼鱼急性毒性及肝脏抗氧化酶系统的影响 [J]. 农学学报，9（3）：44-50.

赵一杰，冯伟业，吴桃，等，2023. 黄河盐碱水域精养池塘不同密度南美白对虾养殖试验 [J]. 科学养鱼，2：35-36.

中华人民共和国国家质量监督检验检疫总局，中国国家标准化管理委员会，2008. GB/T 22919.5—2008 水产配合饲料 第 5 部分：南美白对虾配合饲料 [S]. 北京：中国标准出版社.

中华人民共和国农业部，2002. NY 5072—2002 无公害食品 渔用配合饲料安全限量 [S]. 北京：中国标准出版社.

中华人民共和国农业部，2012. SC/T 1008—2012 淡水鱼苗种池塘常规培育技术规范 [S]. 北京：中国农业出版社.

中华人民共和国农业部，2012. SC/T 9406—2012 盐碱地水产养殖用水水质 [S]. 北京：中国农业出版社.

中华人民共和国农业部，2015. SC/T 2068—2015 凡纳滨对虾亲虾和苗种 [S]. 北京：中国农业出版社.

周成夷，2022. 鱼虾混养池塘氯化物型盐碱水高 pH 调控技术研究 [D]. 天津：天津科技大学.

彩图 1　唐山多玛乐园试验基地

彩图 2　南美白对虾养殖棚

彩图 3　福瑞鲤测产

彩图 4　花鲈测产

彩图 5　异育银鲫"中科 5 号"

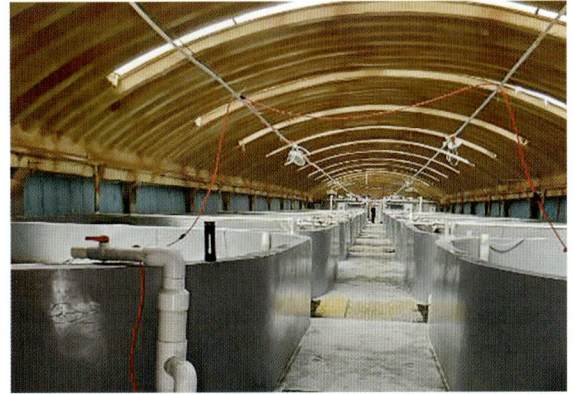

彩图 6　循环水车间

彩图 7　设置防逃设施

彩图 8　扣　蟹

彩图 9　对虾捕捞出池

对虾结果

彩图 10　对虾测产

彩图 11　盐碱水养殖的南美白对虾

彩图 12　引入稻田泡田水养虾

彩图 13　盐碱水养殖南美白对虾增氧机的使用

彩图 14　吊车吊鱼上车

彩图 15　自动投饵机

彩图 16　拉网出鱼

彩图 17　冬季冰上扫雪

彩图 18　瓦氏雅罗鱼鱼苗群体

彩图 19　布设人工鱼巢

彩图 20　瓦氏雅罗鱼鱼卵

彩图 21　人工孵化瓦氏雅罗鱼鱼苗

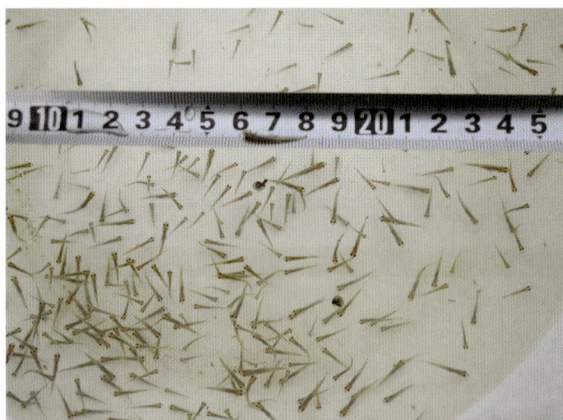
彩图 22　瓦氏雅罗鱼鱼苗

彩图 23　达里湖放流活动

彩图 24　达里湖放流瓦氏雅罗鱼苗种